Cultural Ethics

# 文化伦理学

魏则胜 著

中国社会科学出版社

## 图书在版编目（CIP）数据

文化伦理学 / 魏则胜著. -- 北京：中国社会科学出版社, 2024.9. -- ISBN 978-7-5227-3813-0

Ⅰ. B82-05

中国国家版本馆 CIP 数据核字第 2024Z68B59 号

| | |
|---|---|
| 出 版 人 | 赵剑英 |
| 责任编辑 | 杨晓芳 |
| 责任校对 | 闫　萃 |
| 责任印制 | 张雪娇 |

| | |
|---|---|
| 出　　版 | 中国社会科学出版社 |
| 社　　址 | 北京鼓楼西大街甲 158 号 |
| 邮　　编 | 100720 |
| 网　　址 | http://www.csspw.cn |
| 发 行 部 | 010-84083685 |
| 门 市 部 | 010-84029450 |
| 经　　销 | 新华书店及其他书店 |

| | |
|---|---|
| 印　　刷 | 北京君升印刷有限公司 |
| 装　　订 | 廊坊市广阳区广增装订厂 |
| 版　　次 | 2024 年 9 月第 1 版 |
| 印　　次 | 2024 年 9 月第 1 次印刷 |

| | |
|---|---|
| 开　　本 | 710×1000　1/16 |
| 印　　张 | 16 |
| 插　　页 | 2 |
| 字　　数 | 223 千字 |
| 定　　价 | 98.00 元 |

凡购买中国社会科学出版社图书，如有质量问题请与本社营销中心联系调换
电话：010-84083683
版权所有　侵权必究

# 序 一

伦理学是关于伦理的学问。当我们在经验世界思考生命过程的伦理属性，在理论世界探索伦理思想的时候，是否思考过如下问题：人类为什么要发明伦理？如果没有伦理，人类的存在状况可能是什么？人类的存在状况是否因为发明了伦理而变得更好？伦理之所以产生，是人类为摆脱不成熟和不完善状态而努力的结果。到目前为止，我们还不能断言人与社会已经获得完善状态，在新的历史时期，伦理学面临很多新的问题需要探索，伦理学者们依然要担负起各自的历史使命。

完善和正义，是伦理学的两个基本问题。伦理的完善是人类为自由以及一切与人的自由相关事物设定的理想状态；伦理的正义是人类基于伦理的完善所设定的人的行为应该如何才是正当的标准。如果将正义看作人的双脚，那么完善就是人的双眼。如果没有完善，正义无法确定方向，因为有了完善，人类才知道正义向何处去；如果没有正义，所有的完善最终不过是空想，成为无法企及的彼岸。

《文化伦理学》一书，试图建构完整的文化伦理学理论，在伦理学领域属于开拓性探索，试图为文化行为提供伦理路标，为实践理性装上道德指南针。作者在充分吸收中国和西方伦理学理论成果的基础上，针对当今世界尤其是当代中国社会的文化实践面临的现实问题，提出伦理解决方案。本书在几个方面做出了很有价值的理论探索。一是以一章的篇幅专门阐释文化伦理学核心概念，这一点非常重要。概念是理论体系的砖石，基本概念的明晰是理论逻辑得以展开的前提，文化伦理学理论体系必须从核心概念的界定开始。二是揭示人的精神结构与文化输入之间的辩证关系，人创造文化，文化生产以及再生产人的精神结构。三是在考察自由与伦理关系的基础上，提出了自由定律。四是阐明了文化伦理的两个基本准则，即文化伦理的完善准则与文化伦理的正义准则。五是厘清文化伦理的原则、准则与规则的区别，具体论述文化生产、文化传播以及文化消费行为应该遵循的伦理规则。总体而言，《文化伦理学》一书初步实现了建构相对完整的文化伦理学理论体系的任务，在伦理学领域属于创见。

本书作者魏则胜教授于2000年至2003年在中山大学攻读博士学位，是我指导的博士生，在中山大学获得博士学位后入中国人民大学哲学系博士后流动站从事伦理学研究，接受焦国成教授的指导，聆听师尊罗国杰先生的教诲。前辈在赋予他伦理学研究动力和人生智慧的同时，也给了他很大的理论压力，但是在理想的召唤下，压力最终转化为前行的动力。他深耕文化伦理学二十多年，此书已成，算是完成一个宏愿。虽然作者建构的文化伦理学理论体系不尽完善，但毕竟有了好的开始，一个新的研究领域不仅出现，而且有了体系化的概念、逻辑和方法，这是很可贵的成果。给自己设定一个远大的人生目标，意味着为此要付出超出常人的努力、不懈地坚持，需要顶住各种压力，经受磨难，但是对于一个立志于探索人和社会如何得以完善的学者而言，研究的过程能够与善良为伍，与智者同行，那么这样的人生就是很有意义的人生，也是获得了伦理启蒙的觉悟人生。

李 萍

2024年3月于中山大学

# 序 二

伦理学是研究人类伦理关系及其调节的学问，是研究人类个体完善和整个社会完善的学问。这门学问具有很强的理论性，也有很强的实践性，所有的伦理学理论问题都是生活世界的实践问题的理性呈现，即"伦理在世间，不离世间觉"。人类之所以有正当或正义观念，是因为预设了个体完善或整体社会完善的理想目标，不能离开完善讨论正义。如果说伦理是人类社会进步的行动路标，伦理学则是人类社会进步的理性灯塔。不同历史时期、不同国家或民族的伦理观念存在差异，但是人类文明之所以存在，一定是因为有了某些伦理共识。伦理学的意义在于：预设人与社会的完善状况，设定行为方式的正当标准，引导文明进步，凝聚文明共识。人的发展和社会进步，不断地向伦理学提出各种问题，因此伦理学理论的进展，需要伦理学者们承前启后接力，相互成就，共同探索各种实践与理论问题。本人在《中国伦理学通论》一书中提出：天人论、人性论、义利论、人伦论、人我论、治世论、观人论、修身论、祸福论、生死论等，是中国"上古"时代伦理思想家们的伦理思想的内在体系，是一个从天到人、从社会到个体、从理论到实践的体系，其思想成果，既有行动方法之"术"，也有行动依据之"道"。作为行动依据之"道"，既有"天道"，也有"人道"；既有客观规律之"道"，也有伦理完善和正义之"道"。因此，伦理是人类的觉悟，是人类在摆脱不成熟、不完善状态的过程中不断获得的精神果实；伦理是人类的智慧，是人类在天人之际和人人之间寻求完善生存状态的努力成果，以"道"御"器"，以德束行。伦理是灵魂的觉醒。

《文化伦理学》一书的作者，在2003年至2005年期间于中国人民大学哲学系博士后流动站从事伦理学研究，本人是他的导师。他的博士后出站报告即为《文化伦理研究》，经过二十多年的不懈努力和深入研究，作者终于完成文化伦理学的理论体系建构，实为不易。在充分吸收了中国和西方伦理思想成果的基础上，运用专业的伦理学思维方法，批判吸收前人伦理思想成果，建构较为完整的文化伦理理论，这个研究和叙述思路是正确的。要提出新的思想，首先要学习前人的思想。蔡元培先生说得好："学无涯也，而人之知有涯。积无量数之有涯者，以与彼无涯者相逐，而后此有涯者亦庶几与之为无涯，此即学术界不能不有学术史之原理也。苟无学术史，则凡前人之知，无以为后学之凭借，以益求进步。而后学所穷力尽气以求得之者，或即前人之所得焉，或即前人之前已得而复舍者焉。"[1]

《文化伦理学》一书，基于人类的文化行动，探索文化行为目标的完善和文化行为方式的正当，以文化伦理引导文化行为，为人类通过文化行为获得智慧、觉醒灵魂提供伦理指引，无论作者能够在何种程度上实现理论愿望，都应当充分肯定《文化伦理学》著作的理论意义和实践价值，为文化操心就是为人类灵魂操心；文化喂养精神结构，精神结构决定人的意识和意志的完善状况，人的意识能动性最终体现为实践活动，文明是什么样子，社会是什么状况，我们能够在人的精神世界找到主体依据。伦理学是研究人类伦理关系及其调节的学问，是研究人类个体完善和整个社会完善的学问，通过研究伦理学推动个体完善和整个社会完善是伦理学者们义不容辞的责任。

焦国成<br>
2024 年 3 月于 中国人民大学

---

[1] 蔡元培：《中国伦理学史》，中国书籍出版社2020年版，第1页。

# 目录

绪 论 ……………………………………………………………… (1)

第一章 文化的伦理责任 ……………………………………… (5)
    一 伦理与道德 …………………………………………… (5)
    二 文化与自由 …………………………………………… (7)
    三 时代的文化状况 ……………………………………… (11)
    四 文化的伦理风险 ……………………………………… (15)
    附录 ……………………………………………………… (21)

第二章 文化伦理学范畴 ……………………………………… (24)
    一 自由 …………………………………………………… (24)
    二 价值 …………………………………………………… (29)
    三 价值关系 ……………………………………………… (31)
    四 理性 …………………………………………………… (32)
    五 伦理 …………………………………………………… (35)
    六 伦理本体 ……………………………………………… (39)

七　伦理原则 …………………………………………………… (41)
　　八　道德 ………………………………………………………… (43)
　　九　文化 ………………………………………………………… (50)
　　十　文化权力 …………………………………………………… (54)
　　十一　精神结构 ………………………………………………… (55)
　　十二　利益 ……………………………………………………… (58)
　　十三　意义 ……………………………………………………… (62)

第三章　伦理的完善原则 ……………………………………………… (64)
　　一　自由定律 …………………………………………………… (65)
　　二　自由的发展形态 …………………………………………… (65)
　　三　完善原则的责任：为自由设置目标 ……………………… (67)
　　四　完善原则的产生 …………………………………………… (69)
　　五　完善原则的结构 …………………………………………… (71)
　　六　完善准则的演进 …………………………………………… (75)
　　附录一 …………………………………………………………… (85)
　　附录二 …………………………………………………………… (86)

第四章　伦理的正义原则 ……………………………………………… (89)
　　一　自由的正义定律 …………………………………………… (89)
　　二　什么是正义原则 …………………………………………… (90)
　　三　正义原则的产生 …………………………………………… (91)
　　四　正义原则的结构 …………………………………………… (95)
　　五　正义是完善的保障 ………………………………………… (97)
　　六　正义准则的演进 …………………………………………… (98)
　　附录 ……………………………………………………………… (105)

## 第五章　精神结构完善的文化条件 ……………………（109）
　　一　文化生产的精神条件 ……………………………（110）
　　二　文化的功能 ………………………………………（113）
　　三　文化是个体精神结构不断完善的条件 …………（120）
　　四　文化是公共精神结构不断完善所需要的条件 …（123）
　　附录 ……………………………………………………（125）

## 第六章　文化伦理的完善准则 ………………………（133）
　　一　人的完善 …………………………………………（133）
　　二　社会的完善 ………………………………………（138）
　　三　文化内容的完善 …………………………………（142）
　　四　文化生产力的完善 ………………………………（148）
　　五　文化关系的完善 …………………………………（151）
　　附录 ……………………………………………………（154）

## 第七章　文化伦理的正义准则 ………………………（156）
　　一　正义与正义准则 …………………………………（156）
　　二　文化正义的自由准则 ……………………………（159）
　　三　文化正义的先进准则 ……………………………（161）
　　四　文化正义的契约准则 ……………………………（162）
　　五　文化正义的公平准则 ……………………………（164）
　　六　文化正义的功利准则 ……………………………（166）
　　七　文化正义的善良准则 ……………………………（168）
　　附录 ……………………………………………………（169）

## 第八章　文化生产的伦理规则 ………………………（174）
　　一　什么是优良文化 …………………………………（174）

二　公共机构遵守"生产优良文化"伦理规则的方式……(176)
　　三　商业组织遵守"生产优良文化"伦理规则的方式……(178)
　　四　教育组织遵守"生产优良文化"伦理规则的方式……(180)
　　五　个体遵守"生产优良文化"伦理规则的方式…………(182)
　　附录……………………………………………………………(184)

第九章　文化传播的伦理规则……………………………………(189)
　　一　文化传播的技术变革………………………………………(189)
　　二　公共机构文化传播的正义规则……………………………(192)
　　三　商业组织文化传播的正义规则……………………………(195)
　　四　教育组织文化传播的正义规则……………………………(199)
　　五　技术人员文化传播的正义规则……………………………(203)
　　六　个人文化传播的正义规则…………………………………(205)
　　附录……………………………………………………………(209)

第十章　文化消费的伦理规则……………………………………(212)
　　一　文化消费的条件……………………………………………(213)
　　二　现时代的文化消费方式……………………………………(215)
　　三　公共机构文化消费的正义规则……………………………(219)
　　四　商业组织文化消费的正义规则……………………………(220)
　　五　教育组织文化消费的正义规则……………………………(222)
　　六　个人文化消费的正义规则…………………………………(224)
　　附录……………………………………………………………(234)

参考文献………………………………………………………………(239)

后　　记………………………………………………………………(243)

# 绪　论

　　人类的一切活动，都与自由关联，要么是以某种方式享有自由或实现自由，要么是增加自由或扩大再生产自由，要么是努力获取享受自由或生产自由所需要的各种条件。那些人类实现自由和生产自由所需要的条件，我们称为价值。伦理的价值，在于伦理能够成为自由的条件。

　　人类之所以发明伦理，是因为人类对于自由的渴望，人类为了实现自由、享有自由或增加自由而发明伦理，伦理绝不是人类自我伤害的方式。人类对于生命过程更加美好和完善状态的某种期待，以及为实现美好期待和完善状态而创设的行为标准，构成伦理的灵魂，从而成为伦理学的核心问题。因此，伦理是关于一切与人的生存状态相关的事物如何才是更加完善以及实现完善状态的行为应该如何才是正义的那些道理。伦理是关于完善与正义的道理，伦理学是关于完善和正义问题的思想形式，是关于完善与正义问题的知识以及立场的陈述。人类历史上那些伟大思想家之所以成为文明的灯塔，是因为他们的伦理思想不仅为人类社会指明了前进的方向，而且为人类开辟了走向远方、达到理想目标的道路。

　　文化伦理是伦理的一部分，文化伦理学是伦理学理论的一部分。文化是人类精神劳动的产物，人类运用符号、行为以及物质等各种载体对人的精神活动过程和结果进行记录、叙述、呈现，形成可以传播、复制、阅读、理解、欣赏的精神产品，用来满足人类精神生活与理性进步所产

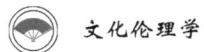

生的各种需求，从而成为实现自由或再生产自由的条件。

伦理的完善原则与文化实践活动相结合，产生了文化伦理的完善准则。文化伦理的完善准则主要由五类准则组成：一是人的完善准则；二是社会总体的完善准则；三是文化内容的完善准则；四是文化关系的完善准则；五是文化生产力的完善准则。文化伦理的正义，是指文化行为的正当属性，是指社会主体为获取各种利益而进行的文化行为的正当性。文化伦理的正义准则，是指社会主体为获取各种价值而进行的文化行为应该符合正当性标准这一原则要求。个人、组织、国家等主体通过文化行为获取各种利益，满足各自需求，伦理对此类文化行为提出要求，以各种准则规范文化行为，引导文化行为，赋予文化行为的正当属性。文化伦理的正义准则由六个基本准则构成：文化自由主义准则；文化集体主义准则；文化科学主义准则；文化功利主义准则；文化契约主义准则；文化人本主义准则。原则的具体运用产生准则，准则依据原则而产生；准则的进一步具体运用产生规则，规则依据准则而产生。原则—准则—规则三者之间存在从抽象到具体的逻辑关系。伦理原则是伦理的起点，伦理准则是伦理原则在社会生活各个领域的具体化，即伦理的完善原则和正义原则与现实生活相结合，产生社会生活领域的伦理准则；在生活领域中同一类行为所遵循的伦理准则，被称为伦理规则，伦理规则是伦理准则用来规范某一类行为而产生的行为正当性规范。文化伦理的完善准则和正义准则运用于文化生产行为、文化传播行为、文化消费行为，分别产生了文化生产伦理规则、文化传播伦理规则以及文化消费伦理规则。

在本著作的理论框架内，没有专门论述文化立法的伦理规则。文化立法的伦理规则是指文化立法应该遵循的完善准则和正义准则。文化立法，是指具有立法权的国家机关基于文化价值关系对各种文化行为进行明文规定，并由此产生相关法律条文，目的是赋予文化生产、文化分配、文化传播、文化交换和文化消费等行为以合法性和合理性，同时限制非

## 绪 论

法的文化行为，以法制形式明确个人和社会组织享有的文化权利以及承担的文化义务。伦理、道德与法律是人类文明的基本保障：伦理注重人伦之理，主要作用是"讲道理"，以完善原则和正义原则以及相关规则，为人类社会中一切与人的自由相关的事物设定理想标准，以理想标准作为依据，明确规定个人和组织等主体的各种行为的正当性即正义与否的标准；道德注重人性善良，主要作用是"讲良心"，以人性何为善以及何为恶的标准引导人的意识与行动；法律注重权利与义务，主要作用是"讲规矩"，以行为结果或预期结果为依据，规定个人或组织享有的权利以及相应承担的义务。伦理核心为"理"，道德核心为"德"，法律核心为"律"，伦理是道德与法律的依据，道德是伦理的人格化结果，任何法律的制定和实施都必然以完善为目标，以正义为标准，以某种完善和正义准则作为法治理念的依据。文化立法以某种伦理原则或规则为指导，依据文化行为的结果以及预期结果而制定相关法律条文，规定行为主体的权利与义务，为文化行为"立规矩"。

在人类社会，知识所要解决的问题是排除谬误获得真理；伦理所要解决的问题是设定完善目标、引导行为遵循正义；道德所要解决的问题是区分善与恶，引导人性向善；法制所要解决的问题是在伦理原则的指导下，赋予人的行为以合法性，以法的形式构筑具有强制性的个人或组织等主体的权利与义务关系模式。社会生活中总有人不讲道理或不讲良心，这不是伦理学以及道德哲学没有价值的证据，恰恰相反，正是因为存在利益之争以及价值博弈现象，才有伦理和道德存在的必要，才有伦理学和道德哲学的不断探索。人类文明的美好状况，与实践理性的发展进程紧密关联。在最终意义上，伦理是一部分人用来反抗另一部分人的思想武器，道德是一个人用善良对抗恶意的自我修炼。

本著作致力于探究文化伦理的基本问题，是理论理性与实践理性在文化领域的思想成果，试图在中国和西方伦理学研究成果的基础上，深入文化领域，考察文化行为，创设文化伦理学基础理论。本著作以文化哲学、中国伦理学、西方伦理学以及马克思主义伦理学等理论作为基础，通过实证考察与文献分析，运用理论归纳与演绎等方法，深入文化领域，考察文化行为，创建文化伦理学基本理论。以伦理的完善原则与正义原则为起点，确立文化伦理的完善准则和正义准则，以文化伦理的完善准则和正义准则为基本标准，设定文化生产的伦理规则、文化传播的伦理规则以及文化消费的伦理规则。文化伦理学基于伦理学基本原理为文化行为设立伦理路标：依据完善原则设置文化行为的完善目标；依据正义原则规范文化行为的正当标准。文化伦理学的价值在于：通过探索人类文化行为的伦理准则以及规则，为文化行为确立伦理路标，为文化理性设定德性标准，从而促进人的发展与完善，增加人的自由和幸福；推动社会进步与完善，促使社会不仅成为每个人获得自由和幸福的保障，而且成为公正地善待每个人的公共力量。

# 第一章

# 文化的伦理责任

人的一切活动，必定与自由相关，或者说，人的有意识的实践活动，不仅是自由的体现，而且是为了自由：要么是生产或扩大再生产那些实现自由所需要的条件，要么是通过利益交换等方式获得生产自由或享有自由所需要的条件，要么是采取某种方式兑现自由或享有自由。自由是幸福的代名词，幸福的本质就是自由，幸福的内容和形式最终都可以化为某种形式的自由。

文化是人的意识活动过程和结果的记述，是精神劳动结果的符号化表达形式。文化不仅是意识自由或精神自由的体现，而且是人和社会不断发展所需要的基本条件。每个主体因享有文化权利而获取文化利益的同时，其行为必须符合伦理的完善原则和正义原则。文化的伦理责任，是指文化主体在进行文化实践活动的过程中，所有相关行为必须遵循伦理的完善原则和正义原则。文化伦理是对文化自由的规定，以完善原则引导文化主体的行为目标，以正义原则约束文化主体的行为方式，促进人的自由而全面发展，推动人类文明不断进步，为人类获得解放和幸福提供更大可能，从而在最终意义上，尽可能增加人的自由。

## 一 伦理与道德

伦理是人类为摆脱一切与人的存在相关的事物和行为的不完善状态

而努力的思想成果，试图以完善代替不完善，以理想代替现实，以美好代替丑陋，以合理代替不合理，以正义代替不正义，以某类行为方式代替另类行为方式。在最终意义上，伦理是利益关系中的一部分人对抗另一部分人的思想武器。道德是一个人以某些意志和行为对抗自身某些意志和行为的思想工具，以善念代替恶意，用某些善行代替恶行，从而以某些好的人性代替不好的人性，因此在最终意义上，道德是一个人为摆脱自身不完善状态而努力的结果。

伦理是关于一切与人的利益相关的事物应该如何才是完善的、人的行为应该如何才是正当的那些道理，用来指导各种利益关系中社会主体的行为方式。社会主体分为两类：一类是个人主体，即个体；另一类是组织主体，即各种社会组织、集体、公共权力机构以及国家等。伦理是实践理性的产物；道德是那些与利益相关的意识和行为所体现出来的人性的善恶状况，道德是实践理性本身。伦理是人类的思想成果，当伦理成为社会公众共同认可和遵守的思想原则以及行为准则后，伦理成为道德的路标，道德是伦理训导人性而产生的结果。个体的道德品质不仅是公共伦理原则或行为准则训导个人精神结构、完善个体自然属性和社会属性的结果，而且是伦理的本源和变迁动力。道德的本质是人的实践理性，是人的精神品质和人的善良意志的稳定状态，道德对于伦理始终具有创造、认知、选择、认同、遵循、批判以及创新的权利，个人对于自身的道德状况负全部责任，每个人都是道德主体，在认知伦理原则以及伦理准则的前提下，自主决定是否认同和遵循伦理原则以及伦理准则。从理论研究而言，道德可以成为伦理学的研究对象和思考内容，但是道德和伦理不是同一事物，伦理是理性的实践运用而创造的思想观念，是实践理性创造的行动原则以及具体准则；道德是理性本身的完善状况，即实践理性的完善状况。每个人都是伦理的主人，同时，每个人都必须接受伦理的规训，这是他被社会接纳从而生存于公众世界的前提条件。一个社会的伦理建设意味着社会生活公共行为原则和具体准则的创建或

# 第一章 文化的伦理责任

调整,一个社会的道德建设意味着个人的发展和完善,以完善实践理性的方式促进个体人性的完善。伦理原则是一切与人有关的事物的完善原则和人在利益关系中行为的正义原则;道德原则不仅是伦理的完善原则和行为的正义原则,而且还有人的意识和行为中体现出来的人性的善良原则和高尚原则,善良符合伦理,高尚高于伦理。善良者为芸芸众生,高尚者为志士仁人。

任何伦理原则以及依据伦理原则而产生的伦理准则的最终目的都是为了增加人类的自由。伦理既是对自由的约束,也是对自由的保护。在探索增加自由的各种方法的过程中,当人类思考自由以什么样的形式存在才能够更加完善;在每个人维护自身利益过程中,当人类开始思考人的行为方式和结果应该如何才能够被称为正义的行为,此时,伦理就产生了。伦理的产生是人类社会走向文明的起点,从此以后,人类不仅生活在基于自然的必然性规定而追求自由的过程中,而且为了社会和自身的发展与完善的理想目标而不断努力,同时接受正义标准的规训。伦理是文明的路标,是衡量人类如何脱离蛮荒状态并且在何种程度上接近理想王国的评价尺度。

## 二 文化与自由

人生而不自由,却无往而不在追求自由的行动之中。文化是精神自由的产物,也是自由本身。文化为了自由而存在,却有可能反噬自由。

人类历史开始的前提,是有生命的个人存在。生命是第一自由,是所有自由的前提和基础,人类所有活动,开始于产生生命和维持生命的存在的那些活动。马克思和恩格斯指出,物质资料的生产和人口生产,是人类社会生产活动的起点。物质财富的匮乏限制了人类对于自由的兑现程度。实践经验的积累,精神劳动与物质劳动开始分离,理性能力的运用与提升,使得人类能够在探索自然存在的本质和规律的基础上获得客观知识，客观知识的增长和完善促使了科学的诞生和发展，科学知识转化为生产和生活技术，科学越进步，技术越发达，物质生产力越发达，人类越自由，科学知识不仅是人类文化体系的基石，也是支撑文化体系的基础框架。

在目前人类认知所及范围内可以做出的判断是：所有存在或事物之间关系的本质都是因果关系，无论是自然关系、人与自然的关系还是人与人之间的社会关系，都是因果关系的某种形式或某个演化阶段。但是人的出现带来一个重大变化：当人为了满足个体生存和发展需求而介入各种因果关系，为增长自由或兑现自由而成为因果关系主体的时候，因果关系转化为价值关系，价值关系是因果关系的社会形式。由此我们获得一个极为重要的结论就是：人与人之间所有社会关系的本质，都是价值关系，无一例外。无论以什么样的形式表达或掩盖社会关系，都不可能否定社会关系的价值属性，人与人之间发生各种关系的根本目的在于价值生产或价值交换。

自由与文化之间的关系是自由与实现自由所需条件之间的关系。获得自由是人类活动的目的，自由的实现需要条件，文化是自由得以实现的基本条件之一，文化因为人类对于自由的渴望和需求而被创造出来，文化因此具有价值。

精神劳动不仅创造了自然科学知识，而且创造了社会科学和哲学知识。价值观念、伦理、法律、制度、社会和人的发展理想、人生意义、信仰等，是社会科学和哲学理论探究的基本问题，社会科学和哲学知识是人类文化体系的灵魂、血脉和眼睛，为人类的自由设置了理想目标和正义的标准，成为人类文明的路标。

在自然科学、社会科学以及哲学知识之外，人类还创造了文学和艺术，以生活经验的再现或想象构思的方式，创造出文学、音乐、舞蹈、绘画、雕刻、书法等作品以及作品呈现形式即各种艺术表演。在文学和艺术世界，人的情感得到寄托，生命渴望和感受得到表达，心

第一章　文化的伦理责任

灵得到抚慰，精神得到滋润。文学和艺术是人的精神家园，是人在面临各种生活苦难和历经命运艰辛的过程中最后的精神庇护所，对人的关怀，对苦难者的同情和抚慰，是所有文学和艺术闪现人性光辉的原因。

　　文化发展体现为文化总量逐渐增长以及文化水平不断提升。文化发展需要三个条件：一是人类实践活动经验在深度和广度方面的拓展，为客观知识的进步和文化艺术创造提供经验资源；二是精神劳动生产客观知识和文化艺术能力的提升促使文化生产力水平不断提高，从而带来文化总量的增长和文化水平的提升；三是文化交流，如果一个国家或地区对文化交流采取开放态度，文化交流和文化输入不仅能够带来该区域文化总量的增长，而且外来文化元素能够产生新的文化增长动力。

　　实践经验的丰富、精神生产力提升以及文化交流，是文化发展必需的三个条件，但不是文化发展的根本原因，文化发展的根本原因，在于人类对于自由的渴望和需求。人类因为追求自由而创造文化，也因此产生了对于文化的深刻依赖。人的文化依赖性体现在三个方面：一是物质生产方式革命对于文化的依赖；二是人的精神生活消费对于文化的依赖；三是人的精神结构的完善对于文化的依赖。

　　人类所有自由的实现，都需要物质条件的支持。到目前为止，为自由而争取物质条件的努力一直是人类生活的头等大事，物质条件的限制是所有人面临的生命难题。只有少数人实现了所谓"财富自由"，但是对于大多数人而言，获取物质生活资料依然是终其一生劳苦奔忙的根本原因，多少人间悲剧是由于物资匮乏所导致的。任何时候为增加物质财富、发展物质生产力而努力的个人和集体，都是走在正确的生存与发展道路上。物质生产力不断进步的根本条件，是科学技术不断进步且不断转化为物质生产力，提升物质生产力水平。科学技术来自客观知识，因此，生产力水平的提升对于文化具有无法摆脱的依赖

· 9 ·

性，文化是物质生产方式得以改进的工具，是物质生活的自由获得增长的根本条件。

人的精神自由体现在以下两个方面：一是指人的意识能动性，是人的认知、判断、推理、决策以及行动指导能力；二是指人的意识受动性，即意识存在与发展对于各种资源的需求。意识受动性体现为人的精神结构因为文化内化而得到完善，意识能动性得到提升，精神自由的运用能力逐渐增长，我们称为理性的进步；另外，意识受动性体现为精神生活消费。情感、情绪、心理、心灵、感性等意识的存在方式，对于美好体验的需求如流水般源源不断。物质需求的满足不仅是生命延续的条件，同时也是意识体验需求得到满足的条件。但是精神生活的本质不是物质消费能够提供的生理满足感，而是文化消费所产生的精神结构完善、理性能力提升以及精神寄托和心灵皈依需求得到满足。情绪的表达、情感的抚慰、心理的呵护、心灵的皈依、精神的享受，以个体对于文化资源不断读入和欣赏为条件，从而形成精神生活对于文化的依赖性。文化是人的精神家园，是人类心灵永远的故乡。

意识受动性是精神对于自由的渴望和需求，意识能动性是精神自由的运用，认知、判断、推理、决策以及行动指导能力的运用与提升，以人的感性能力和理性能力受到不断教育和训练为基础，教育和训练人的意识能动性所需要的资源只能由文化提供。精神劳动创造文化，文化是精神劳动成果的输出。文化与物质最大的不同在于，它在时间和空间的存在范围可以无限扩大，可以同时为多个主体共享和分有。意识能动性的提升，是文化输入的结果，当精神劳动成果内化为个体精神结构时，人的意识能动性得到训练和提升，精神结构得到改善。精神劳动创造文化，文化完善精神结构，二者关系的中介就是文化传播，文化传播的基本形式是教育和学习，教育和学习需要物质条件，但是精神资源即文化才是教育和学习的根本条件，人的精神结构的完善对于文化具有深刻和永久依赖性。

第一章 文化的伦理责任

## 三 时代的文化状况

如何看待时代的文化状况？

当代中国社会的发展与进步，始终伴随着一系列重大文化事件，文化运动不仅是社会发展极为重要的精神力量，而且成为中国社会发展的见证和公众思想意识变迁的路标。现当代中国文化运动的起点是五四新文化运动，它开创的文化运动延续至今，现当代中国所有的文化运动，在理想目标上都是新文化运动的延续，其本质就是文化革新。通过文化革新以推进人的精神革新和社会进步是现当代中国文化运动的初心和使命。

19世纪中叶，当工业化文明的曙光已经从西方世界的地平线冉冉升起的时候，中国社会依然沉睡在农业文明的温床上做着酣梦，但是这种貌似平静实则僵化的社会受到了资本主义工业化推动的全球化浪潮的猛烈冲击。马克思指出："资产阶级，由于一切生产工具的迅速改进，由于交通的极其便利，把一切民族甚至最野蛮的民族都卷到文明中来了。它的商品的低廉价格，是它用来摧毁一切万里长城、征服野蛮人最顽强的仇外心理的重炮。它迫使一切民族——如果它们不想灭亡的话——采用资产阶级的生产方式；它迫使它们在自己那里推行所谓文明，即变成资产者。一句话，它按照自己的面貌为自己创造出一个世界。"① "生产的不断变革，一切社会状况不停地动荡，永远的不安定和变动，这就是资产阶级时代不同于过去一切时代的地方。一切固定的僵化的关系以及与之相适应的素被尊崇的观念和见解都被消除了，一切新形成的关系等不到固定下来就陈旧了。一切等级的和固定的东西都烟消云散了，一切神圣的东西都被亵渎了。人们终于不得不用冷静的眼光来看他们的生活地位、

---

① 《马克思恩格斯选集》（第1卷），人民出版社2012年版，第404页。

他们的相互关系。"① 世界和中国发生的巨大变化给中国最早一批接触外界前沿思想观念的知识分子带来极大震动,他们开始从文化传统、意识形态结构、文化与人的关系、文化与国民精神的同构等问题进入,试图寻找到中国社会问题发生的思想观念根源,试图通过文化革新的途径推动国民精神结构尤其是思想观念的革新,从而重建国民的主体性,找到推动中国社会发展进步的实践主体。

文化革新运动呈现两条逻辑:一个是思想逻辑,一个是行动逻辑。思想逻辑是文化—人—社会逻辑;行动逻辑是文化—政治逻辑,两个逻辑构成文化运动的精神动力,也预设了文化研究的价值目标和伦理立场。文化—人—社会逻辑的本质是思想启蒙,基本形式是精神生产或文化产品创制,探索文化、人以及社会三者之间的内在联系,试图通过新文化启蒙理性,重构实践主体的精神结构和思想观念,从而为社会发展提供合格的行动主体。鲁迅先生是文化—人—社会逻辑的文化运动的代表人物,他的作品《狂人日记》《阿Q正传》《药》《故乡》等,在悲凉和悲壮中寻找解救中国社会的药方。以文诊世、以文救世、以文化人的使命意识,在初始阶段为文化运动设置了理想蓝图和意义归属。文化—政治逻辑来自于近现代中国社会"救亡图存"的历史重任,文化—政治逻辑的本质是社会动员,即基于某种政治目标而对社会公众进行思想教育和观念引导,重组群众力量。一方面,文化被当作政治运动的强大手段和思想武器,起着社会动员的作用;另一方面,政治成为文化研究的推动力量,甚至在特定历史时期成为左右文化研究路线的决定力量,进步政治力量试图通过文化革新达到政治革命或社会发展的目标。

文化—人—社会逻辑与文化—政治逻辑并不是截然分开的,二者之间存在一定联系。由于近现代中国社会特殊的历史条件,政治因素深度融入文化—人—社会逻辑之中,这既是特定历史条件下的必然结果,又

---

① 《马克思恩格斯选集》(第1卷),人民出版社2012年版,第403—404页。

## 第一章 文化的伦理责任

是从事文化研究的知识分子追随时代潮流、自觉担负历史使命的体现。《为了忘却的记念》《记念刘和珍君》等作品与《呐喊》等作品相呼应，构成五四新文化运动以来文化大师们的时代精神特征。

在当代中国社会，文化正在经历两个重要转变，一是物质生产方式的转变，二是精神生产方式的转变。随着工业化生产力以及信息技术革命对于物质生产方式的颠覆性技术重构，物质生产方式不再是手工劳动或机械化操作，纯粹知识转化为技术，再转化为物质生产力，作为文化内核的知识逐渐掌控物质生产过程和结果，成为现代社会物质生产力的灵魂。文学、艺术、价值观念甚至意识形态等精神元素，不仅作为物质产品的附加值进入人们的生活方式之中，而且以传播手段或言说工具的方式与物质产品的流通过程融合，作为物质产品更快被接纳并进入生活方式的助力元素。同时，精神生产需要各种资源和条件，它借助物质生产而生产和传播自身，由此，物质生产与精神生产深度融合，强大的商业整合机制和庞大的市场以及利益吸引力，催生了现代社会全新的物质生产方式，即物质与精神两种使用价值共同生产、相互支持的物质生产方式。

精神生产方式正在发生重大转变。在信息技术和人工智能等前沿科技的支持下，精神生产力水平得到巨大提升。物质生产和精神生产的根本区别在于：物质生产是通过劳动实践创制物质产品，人的意识能动性表现为改变物质存在方式以及创建新的物品；精神生产通过脑力劳动创制精神产品，人的意识能动性表现为对于精神活动过程及其结果的记录、整理和叙述，产生知识、观念和艺术等精神产品，用来满足人的精神需要，再生产或重建精神结构。但是物质生产和精神生产的共同之处在于，两种生产的生产力水平与科学技术密切相关，科学技术是推动两种生产效率提升的第一动力。信息技术、人工智能、大数据、互联网等先进科学技术运用于精神生产过程，促使创制精神产品以及叙述、传播和呈现精神产品的效率得到几何级数的增长。精神生产方式的革命，精神生产力的爆发式增长，为社会提供了极为丰富的精神产品，人们可以享有价格低廉却内容丰富的精神产品。在基本物质需求得到满足的基础上，精神生活在人的生活方式中具有越来越重要的地位，大众生活方式发生重要转向即生活方式精神化。

当代中国社会大众生活方式的一个重要特征是文化深度介入而形成的生活方式的精神化。生活方式的精神化，一方面体现为生活过程中精神生活占据重要位置，精神生活不再是奢侈品而是日常生活消费的"口粮"；另一方面，已经化身为商品的文化产品，如同超市琳琅满目的物质商品，为人们提供了丰富而廉价的文化商品，在不到四十年的时间里为公众文化消费的选择自由提供了产品条件。大众文化是物质生产力发展到一定阶段、社会物质生活水平逐渐过渡到富裕层次后必然出现的社会现象，大众文化的崛起是当今中国社会的重要现象，它具有巨大的精神建构力量，对社会发展机制将产生深远影响。

大众文化得以产生和繁荣的物质基础是中国社会物质生产力水平的迅速提升以及物质财富的增长。经济繁荣为中国公众物质生活水平带来巨大改善，为精神生活提供个人经济条件和时间自由。大众文化生产方式与科学技术水平以及物质生产力水平密切相关，二者之间具有正相关联系。物质生产力水平的提升以及生产关系的变化，给大众文化生产力水平以及生产关系带来根本变化。数字技术、人工智能以及信息技术，正在重建大众文化生产方式。大众文化以文本形态进行传播的方式，已经由单纯的传播变成复制生产与传播合二为一的过程，即文化文本传播的过程，也是文化文本得到高效率复制的过程，同时也是文化文本被高效率改造、加工的再生产过程。市场机制在大众文化的生产、传播以及消费行为中具有发动机作用。文化消费市场的不断扩大，不仅带来投资的增长，而且带来生产技术升级，大众文化生产不仅获得源源不断的资金投入，而且市场竞争机制不断激发大众文化生产的精神动力，大众文化产品种类和数量因此得到几何级别的增长。大众文化具有多种呈现方式从而构成多样态的文化形式，如符号呈现、物质呈现、行动呈现、影音呈现等。符号呈现是指以语言、文字或其他符号形式呈现文化作品；物质呈现是指以物质产品作为载体呈现文化作品；行动呈现是指以特定行动组合如表演等方式呈现文化作品；影音呈现是指以音乐、电影、电视剧作品以及网络游戏等形式呈现大众文化。

自五四新文化运动以来，中国社会发展重大转折的关键节点总是与文化运动密切相关，这不是偶然现象。社会存在的变化必然引起社会意识的相应变化，社会历史重大转折关头或重大历史事件的发生，必然引发公众思想意识的波澜，敏锐的文化人以文化方式记录、叙述并反思社会变革过程。思想变革是社会变革的先导，文化运动启蒙思想意识，推动思想意识的革新，从而成为推动社会进步的力量。五四新文化运动在现当代中国社会发展和文化运动中拥有如此崇高地位的原因正在于此。五四新文化运动以来，中国文化发展历程始终贯穿深沉的社会责任感，试图通过文化生产和文化产品的传播启蒙理性，重构实践主体的精神结构和思想观念，从而为社会发展提供合格的行动主体。中国社会迎来文化大发展、大繁荣的时代，但是其中存在的伦理风险不容忽视，在众声喧哗和为稻粱谋的劳碌中，如何保持一份清醒、不忘初心、肩负历史使命，对于每一个文化人都至关重要。

## 四 文化的伦理风险

这是一个文化极为繁荣的时代，百花齐放，百家争鸣。传统与现代、本土与外来，各种文化元素汇聚成滚滚而来的文化洪流，让人目不暇接。资本和高技术的强势介入已经形成全新的文化生产、传播与消费模式。在文化繁荣的表象背后，在众声喧哗中冷静思考时代的文化生态，我们发现了已经发生或可能发生的伦理风险。

启蒙责任可能被淡忘。文化存在的起点是人类的物质劳动，但物质生活绝不是文化的目的地，文化路线图最终指向的目标是人的精神世界，是人的精神生活需求的满足和人的精神结构的完善。在漫长的历史进程中，当精神劳动与物质劳动出现分工时，文化才开始了真正属于自己的发展道路。人是社会历史的主体，什么样的人必然创造出什么样的社会存在，人的意识能动性是主体作用于物质实在性的先导，人的意识能动性的提升意味着主体性的强大。人的意识能动性的提升以人的意识受动性为基础条件，因此，文化对于人类的首要责任是完善人的精神结构，文化完善人的精神结构的过程被称为启蒙。康德在《什么是启蒙》这篇文章中指出：启蒙是人类为摆脱自我招致的不成熟所做的努力，"要有勇气使用你自己的理智！这就是启蒙的格言"[①]。

在任何时代，启蒙都是文化的首要责任。文化对于完善人的精神结构负有全部责任。自然科学、社会科学以及哲学文化资源的读入，增长经验知识，扩大认知领域，提升理性思考能力，在掌握科学知识基础上继续探索事物的本质和发展规律，从而推动理性能力的进步和文化创新的延续。文化是人类精神的灯塔，在黑暗世界为人类祛除迷茫，照亮前行的道路，将人类从蒙昧状态中拯救出来，引导人类走向光明的未来。文化记录、诠释和传播的价值观、道德观、伦理观、理想、信念、信仰、意义，不仅是关于个人与社会完善状态的规划与指引，而且是对人的行为是否正义或高尚进行标注。人类文明之所以走到今天，是因为万千大众拥有关于价值观、道德观、伦理观的基本共识，有着关于正义标准的基本认同，否则这个世界将处于无休止的敌对和战争状态。文化将良好的价值观、道德观、伦理观，以及正义、高尚和人生的意义，输入个体的精神结构，由此，个人从一个生理意义上的存在者，成长为一个文化意义上的存在者，尽管是有限的理性存在者，但是在理论理性得到完善的基础上，实践理性的完善是人类依赖科学知识走出蒙昧状态之后摆脱

---

① 李秋零主编：《康德著作全集》（第8卷），中国人民大学出版社2013年版，第39页。

第一章 文化的伦理责任

野蛮和残暴所必须完成的任务。

人类的不成熟状态会一直持续下去，文化的启蒙责任不能被淡忘。多少善良因为缺少理性的引导而被极端情绪、狭隘的情感和愚蠢的行动方法反杀，人性的美好因为缺乏文化启蒙和教养而被埋没在泥土中，由于失去在文明的阳光雨露中成长的机会而无法开枝散叶，无法成长为庇护人类身体与灵魂的菩提树。我们判断一个时代的文化是否存在重大缺陷可以依据一个明显的标准，那就是看这个时代那些文化生产的主体或者是那些接受过高端教育的文化人群体，是否淡忘了文化的启蒙责任，是否始终将文化的人民立场当作文化价值观的支柱。

知识群体文化核心价值观错位，有可能将文化价值观带入歧途。从文化生产角度而言，受过专门知识训练和高端文化教育的群体拥有文化的创始权力。无论文化以什么方式存在和发展，它的逻辑起点必定是文化人的文化生产行动。同时，人类文化已经发展到高度专门化或专业化阶段，其生产、叙述、解读以及传播等工作，必须由那些受过专门知识训练和高端文化教育的群体承担，因此知识群体所秉持的文化核心价值观，对于一个时代社会公众的文化意识和文化行为具有重大导向作用。当代知识群体的文化核心价值观面临两个强力挑战：一个是市场化，另一个是职业化。随着市场经济的发展，个人作为利益主体的地位从来没有像现在这样深入人心，每个人成为自身利益的第一责任人，功利主义和个体主义在市场经济的催动下迅速膨胀。曾经被嘲讽为"百无一用是书生"的知识群体，在市场空间发现了文化产品和文化行动转化为物质财富的商业化通道，此时他们需要做出选择：将启蒙作为个人的文化生产、文化传播、文化教育等行动的第一责任，还是通过文化行动赚取物质财富？那些坚守文化的启蒙责任、以人的精神结构完善作为文化核心价值的文化人，当看到其他文化人因为文化行为的商业化而发家致富而自己却固守寂寞和清苦的时候，很难继续坚守自己的文化核心价值观。当文化商品化、文化行为商业化成为知识群体共识的时候，文化的首要

· 17 ·

责任和第一价值，就不再被看作是人的精神完善或增加人的精神自由，而是将人的文化需求作为赚取经济利益的工具。当一个社会的文化群体的核心价值观在市场机制的带动下出现崩塌并开始拥抱商业价值的时候，文化的伦理危机开始显现。

当代知识群体的文化核心价值观面临的另一个强力挑战是职业化。随着我国高等教育规模的急速增长，从事高等教育工作的知识群体成为文化群体主流人群，他们是当代中国文化事业的中坚力量，在体制内，他们首先面临的问题是如何生存下去，需要跨过层层设置的考核门槛晋升职称或职级，按照职业化要求定制自身的文化行为。如果所取得的文化成果没有达到考核指标的要求，不仅职称晋升无望，经济利益受损，本人的文化影响力因为职称或职级的低层次而受到限制，文化成果公之于众即发表在期刊上的机会都成为稀有权利，由此，职业化压力最终演变为文化群体对于各种考核和晋升机制的认同和遵循。当文化人群体首先考虑的是如何应对职业压力从而获得更多的发展资源的时候，还会有多少文化人依然能够淡定而超然地坚守文化的启蒙责任。虽然立德树人被确立为高等教育的总目标，但是存在设计缺陷的职业制度，有可能成为文化承担育人责任的障碍。

在文化事业的产业化转型后可能出现商业利益驱逐启蒙责任的现象。在市场体制成为整个社会生产和消费活动的主导机制后，资本强势进入文化领域是必然结果。资本进入文化领域推进文化行为的商业化，这是巨大的历史进步，马克思和恩格斯的著作《共产党宣言》对于资本的历史进步作用做了充分肯定。高科技传媒技术的低成本与高效率，催生了一个巨大的新型公共生活空间即文化空间。文化生产力提高、文化传播技术发达、文化消费成本的低廉，以及不断被刺激的文化需求，在各种力量的综合作用下终于形成了全新的文化生活方式。在当代中国社会，文化生活所覆盖的时间和空间以及精神渗透力，是任何历史时期都无法与其比拟的。在这个过程中，资本通过市场机制，借助于前沿传媒技术，

第一章 文化的伦理责任

迅速实现了文化生活的彻底市场化。资本强势介入文化领域,一方面迅速提升了文化生产力与文化传播的效率;但是另一方面,资本必然会按照自己的商业逻辑重塑文化行为方式。追逐经济利益和物质财富是所有资本的本质属性,是资本存在与发展的条件,文化资本将经济利益放在第一位是合乎资本逻辑的必然结果,于是,时代的文化状况出现了令人担忧的现象。

文化资本主导的文化行为,有可能将人的文化需求当作获取经济利益的工具,人的精神结构完善不再是文化的目的和文化行为的责任,而是成为文化资本获取经济利益的附带结果,或者,人的精神结构完善根本不在资本自愿承担的责任清单之列,人不再是目的,只是资本赚钱的工具。文化只是充当获取物质财富的工具和物质行动自由的条件,而没有将人的心灵完善或精神完善当作目的,温和、恭敬、谦让、良善等那些传统美德被忽略,以至于暴躁、粗鲁、极端、羞辱他人、为一己之私而损害他人利益的种种言行在各种文化元素中畅通无阻。商业资本不一定关注精神关怀与心灵滋养、情感抚慰,过度商业化的文化主体忘记了启蒙理性,没有担负起为人类精神发展设置路标的责任。

当代文化缺乏必要的历史主体意识。对于人类历史上每一个文化繁荣的时期我们称为文化轴心时代,如春秋战国的百家争鸣时期,古希腊的西方文化奠基时期,西方社会近代化进程开始的思想启蒙运动或西方现代化文化模式的奠基时期等。每一次的文化繁荣,都是一次持久的民众精神结构塑造以及文化基因注入的过程,即国民性的建构过程。人是文化的主体,也是文化的建构对象。社会历史是人民创造的结果,同时社会发展对人的发展与完善提出自己的时代要求,这就是社会赋予文化的历史责任。当今中国社会的进步,需要通过中国式现代化的长久努力,中国式现代化是否能够获得成功,很大程度上取决于我们每一个人的综合素养能否承担起历史主体的责任。文化需要承担起完善公众精神结构的历史重任,面向现代化,面向世界,面向未来,塑造有理想、有道德、有文化、有纪律的时代新人。中国梦的实现，中国式现代化的成功，中国社会的长治久安，创造一种新型人类文明的宏大理想的实现，需要国民性的完善。繁荣发展文化事业和文化产业，能否坚持以人民为中心的创作导向？能否推出更多增强人民精神力量的优秀作品？能否通过文化建设，为社会个体成长、为承担历史责任的主体创造条件？如果对于这些问题没有做出正确的回应，就意味着时代文化缺乏必要的历史意识，没有将促进人的发展和培育合格历史主体当作自己不可推卸的伦理责任。

文化向何处去？从《列子·说符》关于"歧路亡羊"的寓意解读中能得到深刻启发。"歧路亡羊"一文的大意是：杨子的邻居丢了一只羊，请了很多人去找寻这只羊，终无所获。杨子问何故，邻人回答说，因为歧路太多，我不知道羊在哪个岔道上。杨子听到这句话，一整天没有笑容。杨子的学生孟孙阳从杨子那里出来，把这个情况告诉了心都子。心都子见到杨子说，齐国三兄弟跟随同一个老师学习仁义之道，但是当他们的父亲询问仁义之道是什么时，三个兄弟的回答却完全不同，这是何故？杨子回答说：众人向一个善于游泳的人学习游泳技术，却有不少人因此淹死了，这是何故呢？听到杨子此言，心都子对孟孙阳说：大道因为岔路太多而丢失了羊，求学的人因为方法太多而丧失了生命。学的东西不是从根本上不相同，也不是从根本上不一致，但结果却有这样大的差异。只有归到相同的根本上，回到一致的本质上，才会没有得失的感觉，而不迷失方向。

迷失方向的不是那只羊，而是那些寻找羊的人迷失于歧路。文化人与其在歧路徘徊或迷失，不如回到根本，即文化初心。文化初心是什么？追求真理，探索科学知识，运用科学技术改进生产方式，为人的自由提供更好的物质条件；创造和运用自然科学知识、社会科学知识以及文学艺术作品，启蒙理论理性和实践理性，完善人的精神结构，为人的自由提供更好的精神条件，为每个人的心灵建造美好的精神家园，只有如此，时代的文化才能够担负起自己的伦理责任。北宋思想家和教育家张载用

第一章 文化的伦理责任

四句话抒发自己的文化志向和文化理想：为天地立心，为生民立命，为往圣继绝学，为万世开太平。这四句话可谓惊天动地，后来冯友兰先生将这四句话概括为"横渠四句"。每一个文化人都是"牧羊人"，文化牧者是在歧路亡羊，还是回归文化初心，担负文化使命？这是我们始终面对的文化伦理之问。

# 附　录

## 歧路亡羊①

杨子之邻人亡羊，既率其党，又请杨子之竖追之。

杨子曰："嘻！亡一羊何追者之众？"

邻人曰："多歧路。"

既反，问："获羊乎？"

曰："亡之矣。"

曰："奚亡之？"

曰："歧路之中又有歧焉，吾不知所之，所以反也。"

杨子戚然变容，不言者移时，不笑者竟日。

门人怪之，请曰："羊，贱畜；又非夫子之有，而损言笑者，何哉？"

杨子不答。门人不获所命。弟子孟孙阳出，以告心都子。

心都子他日与孟孙阳偕入，而问曰："昔有昆弟三人，游齐鲁之间，同师而学，进仁义之道而归。其父曰：'仁义之道若何？'伯曰：'仁义使我爱身而后名。'仲曰：'仁义使我杀身以成名。'叔曰：'仁义使我身名并全。'彼三术相反，而同出于儒。孰是孰非邪？"

---

① （春秋）列子：《列子》，叶蓓卿译注，中华书局2016年版，第277—280页。

· 21 ·

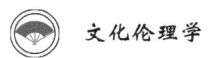 文化伦理学

杨子曰:"人有滨河而居者,习于水,勇于泅,操舟鬻渡,利供百口。裹粮就学者成徒,而溺死者几半。本学泅,不学溺,而利害如此。若以为孰是孰非?"

心都子嘿然而出。

孟孙阳让之曰:"何吾子问之迂,夫子答之僻?吾惑愈甚。"

心都子曰:"大道以多歧亡羊,学者以多方丧生。学非本不同,非本不一,而末异若是。唯归同反一,为亡得丧。子长先生之门,习先生之道,而不达先生之况也,哀哉!"

## 译文

杨朱的邻居丢了一头羊,他领着一家子出去寻找,又请了杨朱的童仆帮忙追寻。

杨朱说:"嘻!丢了一头羊怎么要这么多人去追?"

邻居说:"因为有好多岔路。"

他们回来后,杨朱问:"找到羊了吗?"

邻居说:"找不到啦。"

杨朱问:"怎么会找不到呢?"

邻居说:"岔路之中又有岔路,我们不知道它跑到哪儿去了,所以只好回来。"

杨朱听了,脸色变得十分忧愁,好久也没有讲话,整天都不露笑容。

弟子们感到奇怪,问他说:"羊是低贱的牲畜,而且又不是先生的羊,可您却不说不笑,为什么呢?"

杨朱没有回答。弟子们便得不到先生的指教。弟子孟孙阳出门后把这事告诉了心都子。

心都子过了几天和孟孙阳一起进屋,向杨朱问道:"从前有兄弟三人,在齐、鲁两国游学,拜的是同一位先生,将仁义之道修习完毕方才回家。他们的父亲问:'仁义之道是什么样的?'大儿子说:'仁义让我首

## 第一章 文化的伦理责任

先爱惜生命而把名誉放在次要的位置。'二儿子说:'仁义使我不惜用生命的代价来成就荣誉。'三儿子说:'仁义教会我同时保全生命与名誉。'他们三人的观点完全相反,却同样出自儒家。谁对谁错呢?"

杨朱说:"有人靠着河边居住,熟习水性,善于泅渡,靠着撑船摆渡营生,收入可以供养一百口人。背着粮食来向他学习的人成群结队,可其中淹死的几乎占到一半。本来是学游泳的,不是来学溺死的,可结果利害反差竟是这样大。你觉得怎样算对怎样算错呢?"

心都子默不作声地走了出来。

孟孙阳责备他说:"你怎么问得那么拐弯抹角,先生又答得那么稀奇古怪?我越发迷惑了。"

心都子说:"大道因为有太多岔道而使羊丢失,治学的人因为有太多途径方法而迷失了方向。各类学说并非根源不同,并非根本观点不一致,而结论却相差悬殊。只有回归到相同的本原上去,返回到一致的观点上去,才不会迷失方向。你是先生的大弟子,修习先生的思想,却不明白先生的比喻,真可悲啊!"

# 第二章

## 文化伦理学范畴

文化伦理学范畴是指构成文化伦理学理论体系的基本概念，这些概念不仅在文化伦理学理论逻辑中具有特定含义，而且可以用来解释其他概念，是理论观点形成的基石，文化伦理学理论体系从范畴解析开始。每一个词语都是概念，具有明晰而确定的经验内容；概念表达意识对于存在的认知结果，按照一定的逻辑组合成话语，陈述事实，提出问题，表达观点并论证观点，从而形成理论。

### 一　自由

自由，或称为由自，即行动者的意识和行为的自主状况，一方面体现为行动者的自律或自主，即自主设定行为目的，为实现预期目的而自主行动；另一方面体现为行动者的律他，能够主导那些与实现目的相关行动的发生、中断和终止，能够主导那些与实现目的相关的事物的存在状况与发展趋势。行动者或行动主体分为两类：一类是个体，即行动者是个人；另一类是组织，即行动者是各种组织，这些组织由个体按照某种方式结合而成，如家庭、企业、政府机构、民间团体、教育单位、医疗单位等。

自由包括五个构成要素。一是自主意识，即行动主体的自主行动意识，为什么而行动以及如何行动，由行动者自主决定或主导。二是自主行动，任何自由都体现为某种自主行动，包括个人行动以及各种社会组织的行动。各种社会组织或社会总体称为社会主体。没有自主行动的自由只是一个空洞的观念而不是自由本身。三是主导，个体和社会主体不仅可以自主改变自己的行为，而且可以因为某种目的而主导他人行为；可以主导某种社会现象或自然现象的存在方式与发展趋势；可以主导某种事物的存在方式以及发展趋势。如果主体不能控制自己的行为，或无法主导某种现象或某种事物的存在方式以及发展趋势，则不能认为主体拥有某种自由。四是自主能力，自由是一种主导能力，主导能力越强大，行动主体的自由越充分。五是实现预期目的。只有通过主导各种行为、现象以及事物而实现预期目的，才意味着行动者拥有自由。即使主导了自我与他人的行为，主导了自然现象和社会现象发展变化的过程，主导了各种客观存在物的运动状况，但却没有实现预期目的，这种状况意味着行动者未能够拥有某种自由。自由是指某种主体的自由，因此总体而言，依据自由所属主体的不同，将自由划分为个体自由和社会主体自由两个类型。

个体自由体现为生命存续过程中各种活动的内容和形式的总体，包括自然的生命活动、有意识的生命维持活动、生存质量提升活动、推动人与社会发展的活动，以及有能力为了保持各种自由而有意识地终止行动或改变行动。人生而自由，生命活动的过程就是自由的内容和形式持续展开的过程。个体自由具有四个属性。一是自动，个体生命的自我运行或运动；二是自觉，个体有意识地为了某些目标或目的而自觉行动，意识是行动的先导；三是自主，个体能够主导自己的行动；四是主导，个体能够在一定程度上主导他人行动。

依据人的行为方式，个体自由分为四类：生理自由；基础自由；消极自由；积极自由。

生理自由是指人的生命存在的生理活动过程，属于自然自由。人体的新陈代谢、呼吸、心跳、运动、感觉、认知等都是生理自由的形式。

生理自由是第一自由，是生命的开始，是所有自由的起点和基础，如果失去生理自由，或者说如果失去第一自由，就意味着失去一切自由，当个体生命不再存续，生命过程终止，自由的内容和形式持续展开的过程随即永远停止。

基础自由是指人为了维护生命存续而采取的有意识的行动。物质资料的生产与消费是基础自由的形式。生命的存续需要以生理和心理的正常运转为条件，需要持续消耗物质生活资料，物质生活资料的需要只能通过物质资料生产与再生产方式予以满足。每个人都是维持自己生命存在和改进生命存在状态的第一责任人，基础自由不仅是第一自由的维持条件，而且是第一自由的扩展和升级形态。

消极自由是指个体为了应对那些对自己或他人自由可能产生影响的各种因素而采取的行动。那些可能影响自由的因素包括自然因素和社会因素。自然因素的影响是指自然存在物的某些状态或变化对人的自由产生的作用后果，如天气变化、自然灾害等对于人的生存或发展产生的某些影响。社会因素的影响是指社会存在物的某些状态或变化对人的自由产生的作用后果，如交往关系、社会舆论、管理制度、评价标准、经济运行等社会存在。个人如果要维护自己或他人自由就需要采取某些行动以应对这些因素的影响，由此而展开的行动就是消极自由的形式。之所以称为消极自由，是因为它的产生机制是个体或主体对各种已经存在的影响因素而不得不采取应对行动。消极自由是不可避免或必然存在的自由形式。人的生命过程不仅与自然存在发生关系，而且与他人和社会发生关系，所有关系的本质都是因果关系，在因果关系的链条中个人为了达到某些目的或目标，必须采取相应行动，形成消极自由。

积极自由是指个体为了改进生命存续状态、提升生存质量、完善社会而有意识、自觉、主动进行的各种活动。科学饮食、合理运动、清洁空气、洁净饮水、疗愈以维护或改进身体健康；接受教育、读入文化资源以启蒙心智和完善精神结构，都属于积极自由的形式。积极自由是生命质量或生活过程的高级阶段，目的在于获得更多幸福，推动人的发展和社会完善，积极自由与消极自由的根本区别在于是否存在创新或创造。消极自由是为应对已有状况而采取行动，积极自由是为改善生存境遇而创造思想、技术和器物。积极自由不是来源于自然冲动和原始欲望，而是来自文明进程中积淀的思想观念和科学知识，在理想、信念、价值观、道德观、伦理观、信仰的引导下，追寻崇高的人生意义和社会意义，创造更加美好的文明。

依据行为发生的先后顺序，可以将自由划分为意识自由和行动自由两类。意识自由也称为精神自由、思想自由，是指人的意识的自觉活动，以各种存在作为对象进行感觉、认知、判断、思考、综合分析、逻辑推理并获得各种认知结果的活动，或通过想象的方式进行艺术创造，以规划的方式进行生产技术设计，其范围限定在精神领域，是意识能动性的工作状态。

行动自由是指以意识自由为先导、以各种存在作为对象而进行的生产、交往、消费等行动。生产、交往和消费的对象，可以是物质资料，也可以是精神资料。行动自由生产的物质资料叫物质财富，行动自由将思想自由产生的结果以各种符号形式进行表达与呈现，为人的精神生活需要的满足提供条件，这些产品被称为文化。

个体自由的存续、兑现以及自由总量的增加，需要各种条件的支持。一是生理条件，即个体生命的存续；二是物质条件，物质资料不仅是个体生命存续所必需的条件，也是思想自由和行动自由必需的条件；三是意识条件，从自然自由到基础自由，再到消极自由和积极自由，人的意识自觉程度和能动性不断增强；四是技术条件，技术是意识能动性与物质资料的结合形态，构成思想方法和行动方式，技术越发达，人类越自由；五是关系条件，即主体通过行动在期望的自由与实现自由的条件之间建立了因果关系，意识能动性转化为行动，行动在物质资料或精神资料与所需要的自由之间建立因果关系，将物质资料或精神资料转化为自由得以实现或增加的条件。

人生而不自由，却无往而不在追求自由的行动之中。自由是人之向往，但自由的增加和实现并不意味着幸福，只有当获取自由或实现自由的行为接受道德、伦理以及法律的检视和规约时，自由的内容和形式才能够得到保护和修正。法律不是道德和伦理的底线，法律遵循某种伦理原则及相关准则而制定，法律内容与执法过程体现某种伦理原则以及相关规则。道德、伦理和法律的作用，一是促进自由的内容和形式的完善；二是为了保证获取自由的行为的正义，但它们不能止步于此。道德、伦理和法律不能损害正当自由总量的增加，只有当道德、伦理和法律不仅能够维护自由形式的完善、保障自由内容的正义、促进人性的善良，同时能够促进整个社会自由的总量不断增加的时候，道德、伦理和法律才是人民真正需要的社会力量，才能够承担起护航文明的历史责任。

从社会主体而言，自由体现为该组织在存续过程中为了维持自身存在以及为了实现某些目标而进行的政治、经济或文化活动。社会主体的自由不是个体自由。每个社会主体的自由需要通过个人行动得以实现，但是个人以组织名义行动时所具有的自由，必须是经过合法程序授权的属于该组织的自由，而不是他本人的自由。社会组织自由的本质是公共权力，公共权力的范围和程度必须具有合法性和合伦理性，即程序上得到合法授权，伦理上符合完善原则和正义原则。

自由是人类追求生存与发展所必然产生的结果，任何行动都是为了实现自由或增加自由，为了达到更为完善的个体生存状态或社会存在状态，但是这并不意味着所有的自由都是合理或正当的。个体和社会存在的完善标准，以及为各类社会主体实现自由或增加自由的行为设置的正当标准，构成了伦理原则和准则。

## 二 价值

在文化伦理学理论体系中，价值是指那些与自由相关的各种事物，这些事物由于某些功能或属性而成为生产自由或实现自由所需要的条件。被称为价值的事物主要有以下四类：一是物质资料，包括自然物和人造物；二是精神资料，即精神劳动的产品；三是技术，即制作经验或设计能力与物质资料相结合，按照某种方法创造产品或解决问题；四是关系，包括自然关系、人与自然的关系以及人与人的关系。在不同理论体系中，价值范畴所指对象并不相同。在文化伦理学理论体系中，只有结合自由的生产或实现，才能够准确界定价值范畴的内涵与外延。

人的所有活动目的都必然是为了某种自由，要么是实现自由，兑现期望的自由从而享受自由，要么是为了生产或扩大再生产自由。依据意识能动性程度的差异，自由呈现为自然自由、基础自由、消极自由直至积极自由等类型。自由的存续、兑现以及自由总量的增加，需要各种条件的支持，分别是生理条件、物质条件、意识条件、技术条件以及关系条件。能够成为自由的获得或实现的条件的那些存在，就是具有价值的存在。

物质资料、精神产品以及技术方法之所以能够成为自由得以实现或扩大再生产的条件，是因为它们自身的特定属性和功能具有某种使用价值。一个自然物体、物质劳动产品、精神劳动产品、人的行为以及行为组合等，由于自身的自然属性、社会属性或主体属性而具有的某些功能，如果这些功能能够成为人类实践活动的手段或工具，对人类存在与发展具有某些作用时，这些功能就被称为使用价值。使用价值有两个特点：一是它以事物的某些属性和功能为基础；二是相对于某类实践活动而具有某种手段作用或工具作用，而不是相对于特定的某个人或某个特定人群的需要而言具有某种手段作用或工具作用。

使用价值与价值相互联系又彼此不同。价值与使用价值的区别在于：

价值不是自然物体、物质劳动产品、精神劳动产品、人的行为以及行为组合的功能和属性，而是这些功能和属性的消费状态或起作用状态，只有当存在物的功能和属性进入人的消费行为，构成人们增加自由或实现自由所需要的条件时，相对于特定个人或特定人群而言，存在物的使用价值转化为价值，即相对于特定主体需要而言具有了价值。使用价值的产生是因为事物本身具有某些功能或属性，产生了相对于人的生产或生活需要的某种有用性。人的需要有共性，因此事物的功能或属性的特点是普适性，即对于同类需要而言，事物的功能和属性都具有使用价值，至于需要这些事物的功能或属性的主体是谁，并不影响使用价值的存在。使用价值是价值的基础，与使用价值的普适性不同，价值的特点是特殊性或选择性，当使用价值被个体作为实现或生产自由的手段或条件时，各种存在所具有的使用价值就转化为价值。如果使用价值没有被某个人选择作为生产和实现自由的条件，那么这类使用价值对于这个人而言就没有价值。因此，只有当使用价值与自由之间形成条件关系时，使用价值才会转变为相对于行动者所需要的价值。

只有一种价值，它既是条件，也是目的，这种价值就是自由。自由是人的所有行动的目的，人获取价值是为了实现自由和生产自由提供条件，人获取价值的行为本身就是自由，如果没有自由，人获取价值的行为无法进行，自由不仅是目的，也是自由得以实现和生产的条件。人的生命活动的过程就是自由的内容和形式持续展开的过程，人是所有行动的目的；同时，人获得自由必须以自由自觉的活动为条件，因此，人不仅是目的，也是自由得以实现和生产的主体条件，这意味着，人不仅是作为目的而存在，也是作为手段而存在。只要"人的生命活动的过程是自由的内容和形式持续展开的过程"是客观事实，那么人就是目的和手段的统一。沉沦于实现和增加自由的那些条件中，或者止步于那些条件而没有兑现自由，将自己和他人只是当作实现自由的条件或手段而忘记了人是目的，是人的生命过程误入歧途的根本原因。

## 三 价值关系

人类所有有意识的行为都与自由有关：意识与行动本身就是自由；意识与行动目的是实现自由、享有自由，或者是获得实现或享受自由所需要的条件。

人类生产或实现自由而获取价值的行动过程所产生的各种关系，被称为价值关系。人类的所有行为都是价值行为，以自由为目的，为生产、实现或享受自由而提供条件。

世界是普遍联系的。在人的认知能力所及的范围内，可以将各种联系的本质概括为因果关系。依据关系本源，可以将关系划分为自然关系、人与自然的关系以及人与社会的关系；依据关系内容，可以将关系划分为物质关系、精神关系、血缘关系、情感关系以及日常生活交往关系；依据关系所在的社会领域可以将关系划分为政治关系、经济关系、思想关系、日常生活交往关系等；依据关系的承载主体可以将关系划分为家庭关系、组织关系、工作关系、国家关系等；依据关系涉及的行为对象可以将关系划分为人与人的关系、人与物的关系以及人与思想的关系；依据人的行动领域可以将关系划分人与自然关系以及人与人的关系。

人的有意识的行为必定与使用价值和价值有关：要么是使用价值的生产，要么是使用价值的分配、交换、消费，将使用价值转化为价值。人的生命的存续需要不断消耗物质资料，物质资料的生产与再生产是人类存在的基础，所有物质资料依赖于人获取或加工自然存在物。物质资料的生产活动首先发生在人与自然存在物之间，形成人与自然的关系。生产过程中的相互协作，以及劳动产品的交换或分配，形成人与人之间的经济关系或生产关系。

人出于某种目的而行动，行动过程中产生的人与人之间关系和人与物之间关系，就是价值关系。价值关系是因果关系的社会形态。与自然界因果关系不同的是：自然因果关系具有必然性，是客观事物之间相互作用的自然过程；社会因果关系即价值关系具有主体性，是人作为行为主体，在为生产和实现自由而创造各种条件过程中发生的交往关系，人是价值关系的发动者和主体。

自由的实现或自由的增长需要各种条件，人的行动首先是为自由的实现或生产提供各种条件，这些条件由各种形式的物质资料、精神资料以及技术方法构成，它们因此具有了价值属性。人为了获取价值的各种行动所产生的关系，必然是价值关系。人类在价值关系中为获取使用价值以及消费使用价值进行的行为，被称为价值行为。

## 四　理性

人类认识自我最大的成就，就是发现了意识能动性包含的理性能力；人类开发自我最为成功的方式，就是发展人的理性，完善人的理性。如果追寻人类社会发展动力的主体性根源，那就是理性能力的不断提升。

理性是什么？理性是指人认知事物、创造知识、发明技术、规划行动的意识能力和意志能力。人具有意识能动性，理性是人的意识能动性的核心要素，是精神属性的一部分，本质是人的精神自由。理性是指人所具有的认知事物的本质和规律的能力，将实践经验加工为知识的能力，依据知识进行逻辑推理的能力，将经验和知识转化为技术制作各种物品和规则的能力，依据经验和知识进行推理、判断和规划并以此为依据进行行动的能力。理性在运用过程中形成了人类的认知能力、推理能力和创造能力。认知能力是指认识事物的本质和规律的能力；推理能力是指从已知出发进行思考和判断，按照一定的逻辑进行判断从而获得新知的能力；创造能力是指创造出那些非天然存在的事物的能力，如创造理论知识、价值观念、道德观念、伦理、艺术等精神产品的能力，创造各种物质产品的能力，创造各种精神生产和物质生产技术、管理制度以及行动方法的能力。

对人的意识活动进行标识始于亚里士多德。亚里士多德认为：人类意识有一种特殊的活动即生命的实践活动，它不是与感觉或运动同类的活动，也不是营养和生长那一类活动，这些活动都是人类与一般动物共有的活动方式，而实践的生命活动是灵魂的逻各斯的活动，即意识活动的理性活动形式，理性是人特有的能力，理性活动是人特有的活动。

亚里士多德认为，实践的生命活动的含义就是实现活动，即通过运用理性而获得理性力量的活动。人的理性活动可以分为两个部分：一部分思考其原因和本质不变的事物，这部分活动是理论理性的活动；另一部分思考可变的事物，这部分活动是推理理性的活动。推理理性活动分为两部分：制作理性与实践理性。一种是运用理性将可变动的材料做成产品的活动，即制作活动；另一种是运用理性来处理生活和交往事务的活动，叫实践。① 亚里士多德将人的理性活动分为理论理性的活动和推理理性的活动，推理理性的活动又被分为制作活动和实践活动两个理性活动方式。此处的理性的制作活动方式是指什么？制作活动是指将可变动的材料制作成产品的活动；实践活动是指处理生活和交往事务的活动。

到德国古典哲学时期，康德在《纯粹理性批判》《实践理性批判》等著作中对理性范畴进行了进一步阐释。亚里士多德对人的精神活动过程进行分类，发现了理性能力与理性活动方式，为人的意识能动性标识了"刻度"，为人类认识自身的精神结构设置了路标。在此基础上康德进一步深入考察理性是如何活动的，即理性是如何产生知识和伦理，理性为什么能产生知识和伦理？由此，康德实现了人类认识史上"哥白尼式革命"，指出知识的产生不仅是因为人的意识活动以经验材料为基

---

① 参见宋希仁主编《西方伦理思想史》（第2版），中国人民大学出版社2010年版，第48页。

础，而且是因为人的理性能够运用自身的先天范畴对经验材料进行加工从而获得知识，知识依赖对象即知识产生依赖于经验对象，对象也依赖知识即人类的认识对象是人类按照先天知识即先天范畴建立起来的。康德将理性分为知性和理性两种活动形式，知性是对经验材料进行归纳而形成的知识，理性是通过演绎方式并不断验证从而获得的知识。康德所说的知性相当于亚里士多德的理论理性，康德所说的区别于知性的理性，相当于亚里士多德的推理理性的一部分，因为康德将亚里士多德推理理性中的实践理性分离出来，在理性如何产生伦理和道德的意义上予以特别考察。

　　理解理性范畴需要注意以下三个关键要素。一是理性属于人的意识能动性，是精神自由和精神自主的体现，也是精神自由和精神自主的根据；二是理性并不是人的意识结构或精神结构独立的一部分，它只是意识能动性的一种活动方式，不具有物理独立性，包含在意识总体之中；三是理性范畴被区分为知性、理性以及实践理性的时候，并不意味着理性被划分为知性、理性以及实践理性三个类型，而是指同一个理性的几种不同活动方式而已。在伦理思想史上存在过关于"休谟法则"的长期争论，即"是"与"应该"的关系，从"是"如何推导出"应该"。如果正确理解了理性范畴，就会发现"休谟法则"是因为错误理解了理性范畴而产生的疑问。人的行为应该如何规定，不是从某种事实当中推理而来，"是"与"应该"，不过是人的同一个理性为了不同的目的而进行不同活动并产生了相应的结果而已，它们之间不存在推理关系或主从关系，它们的共同根源是理性，理性为了获取各种自由而进行差异化运用，理性依据经验事实进行事实判断，形成关于事实的"是"的认知，理性依据伦理提出行为要求，产生行为方式"应该"如何的伦理预期。

## 五 伦 理

什么是伦理？什么是道德？对于这两个问题的回答存在分歧，文化伦理学必须给予伦理范畴和道德范畴以清晰说明，它们是文化伦理学的逻辑基石。

伦理，即人伦的道理，是关于自由本身以及一切与自由相关的事物应该如何才是完善的道理，以及人与各种社会组织的行为应该如何才是正当的道理。

充分理解伦理概念，需要准确回答下列五个问题。第一，伦理得以存在的客观基础是什么。伦理存在的客观基础是人的自由，人的生命过程是自由自觉的活动过程，人的一切活动不仅是自由本身，而且是为了获得自由或享受自由。伦理是关于自由的道理。第二，伦理的价值是什么。伦理是人类社会不可缺少的思想共识，要解决的问题是完善与正义问题，完善问题是指关于人的自由本身以及那些与自由相关的一切事物应该如何才是完善的问题，正义问题是指关于获取自由和享有自由的行为应该如何才是正义的问题。人类为什么要发明伦理？伦理是人类为摆脱自由的不完善状态而努力的思想成果，试图以理想目标代替不良现实，创造道理，设计规则，从而为混乱的各自为政的思想意识以及彼此冲突的逐利行为设置正义与否的尺度，为人类设置通向完善状态的路标。伦理是人类生存的精神支柱和思想工具，在最终的意义上，伦理是一部分人反对另一部分人的精神武器。第三，伦理存在的领域是什么。伦理只是关于人生方式应该如何更好、行为应该如何才是正当的道理，因此伦理只存在于人类社会，为人和各种事物设定完善的标准，为各种行为设定正当标准。伦理关涉人与自然之间的关系，但是并不存在于自然界，自然界的道理是客观规律，必然性是其本质属性，人与社会应该如何的道理是自由的法则，主体性或能动性是其本质属性。第四，伦理的来源是什么。既然伦理只存在于人类社会，那么它只有唯一来源，就是人类的创造。伦理不是物质产品，不是物质劳动的产物，伦理是思想观念，是精神劳动的产物，是人类对于自身存在如何达到完善状态进行思考的结果。第五，伦理的主体是什么。伦理的主体是指自由自觉的行动主体，行动主体分为两类：一类是指个人，即个体；另一类是指各种社会组织，包括家庭、立法机构、司法机构、行政机构、商业组织、教育组织、公益组织、行业协会、国家等各种形式的社会联合体。

社会历史性是伦理的根本属性，在不同的历史时期以及不同的社会群体中，伦理的内容由于各种因素的作用而不断发生变化。在某个历史阶段和某一个社会集体中，伦理的最终形成取决于以下五个因素的作用。

一是物质生产方式。物质生产力水平决定了人的物质自由程度，正是由于物质自由的需求才产生了人类关于物质自由的伦理；物质生产方式产生的物质生产关系，本质是社会经济关系或人与人之间的物质利益关系，有什么样的生产方式，就有什么样的生产关系或物质利益关系，人们在物质利益关系中追求各自物质利益的行为，并由此产生了相应的伦理。

二是精神生产方式。精神生产力水平决定了人的精神自由程度，正是由于精神自由的需求才产生了人类关于精神自由的伦理；精神生产方式形成的精神生产关系，本质是社会经济关系或人与人之间的精神利益关系，人们在精神利益关系中追求各自精神利益的行为产生了相应的伦理。

三是公共权力。在社会经济基础之上建立的上层建筑体系中，公共权力是影响伦理最重要的因素。公共权力不仅掌握了社会物质资源的生产与分配权力，而且掌握了社会精神资源的生产与传播权力。公共权力以制度的形式，在各种伦理思想中选择某些伦理进行合法化，以公共制度的形式将某些伦理作为公共伦理准则，形成一定社会的核心伦理观念。中国古代社会儒家伦理之所以成为社会主流观念或核心伦理准则，根本原因在于不同历史朝代的政权不断推进儒家伦理准则的制度化。

四是社会契约。个人关于善和正义的理解需要经过公众认同形成契约，才能成为公共伦理，个人伦理意志的契约化是公共伦理意志得以形成的最终条件。伦理是人类思想进步的体现，是理性以自由为对象进行思考和设计的结果。伦理有两个任务：一是规定与人类相关的一切存在的完善状况，回答"什么是善"，提出各种关于完善或善的命题，形成善的规定；二是规定人类行为的正当状况，回答"什么是正义"，提出各种关于正义或正当的命题，形成正义的规定。善的规定提出了一切与人有关的事物和行为的完善状态或理想标准，即关于自由的实现方式及其所需条件的完善标准；正义的规定提出了一切与自由相关的行为的正当标准，是指个体或组织等所有主体的行为在价值关系中获取自由所需条件以及享有自由的方式的正当标准。但是在社会生活中，每个人关于什么是善的以及什么是正义的观点存在很大差异，如果个人和组织等主体关于善与正义不能达成共识，则伦理无法形成。因此，只有当主体出于某种利益需求而自愿加入某种价值关系中且愿意遵循某种善或正义的标准，其行为遵守某种善以及正义准则的时候，伦理便形成了。伦理的形成取决于价值关系中行为主体之间是否存在关于善与正义标准的共识，当善与正义的标准成为共识并成为约束行为主体的规则的时候，善与正义的标准就转化为公共伦理规则。价值关系中行为主体关于善与正义的标准达成共识，且愿意在行动中遵循这些规则，意味着行为主体之间形成了一种社会契约。没有达成关于善和正义的共识，则没有形成价值关系中的行为契约。伦理的本质是人们关于某种善以及正义的标准达成的共识，即善和正义的社会契约。

五是文化传播。伦理是思想的发明，是人类思想进步的体现。伦理以关于"什么是完善"以及"什么是正义"的思想观念改变人的精神结构，引导人的意识活动方向，调节人的行为方式。伦理是关于完善观念和正义观念的共识，它存在的时间与空间范围，取决于它被多少人认知和认同。当某种完善或正义观念通过各种文化文本进行广泛传播的时候，人们在读入或消费文化产品时接受相关思想观念的输入，产生伦理认知。

教育是文化传播的主要途径。人们接受教育的过程就是接受各种思想观念输入、生产精神结构的过程。文化传播在生产个体精神结构和公共精神结构的过程中，将完善和正义思想转化为个人观念，由此，完善和正义观念找到了它的意识归宿。人们在追求各自利益的过程中形成各种价值关系，在价值关系中获取利益的行为遵循这些完善和正义观念，至此，完善和正义观念转化为伦理。没有价值关系作为基础，没有价值关系中人的行为，任何完善与正义思想只不过是一种伦理设想，而不是现实生活中真正起作用的伦理。

伦理与利益紧密结合产生强大的公共约束力量，引导人的价值观念、道德观念、伦理观念以及行为方式，对于某种伦理原则的遵守，不仅是个人被社会接纳的条件，也是个人获得各种利益从而获得那些自由所需条件的前提，因此，伦理具有强大的统治力量，当某种伦理成为传统并成为个人和社会精神结构的稳定因素后，伦理的精神制约力量强大而持久。一方面，伦理原则是人和社会进步的条件；另一方面，所有人都需要在伦理的制约力量面前保持独立思考的能力。任何伦理原则都不能拒绝公众对它的讨论和质疑，因为伦理原则或具体准则与人的利益相关，利益的本质就是人的自由以及自由存在的条件，任何个人都会关注自己的自由，因此必然会关注以自由为规范对象的伦理原则或具体准则，保持对于伦理原则以及伦理准则的独立思考，不仅是每个人的伦理权利，也是伦理摆脱僵化、不断进步的必需条件。伦理是人类为摆脱一切与人的存在相关的事物和行为的不完善状态而努力的思想成果，伦理是人类生存的精神支柱和思想工具，以完善代替不完善，以理想代替现实，以善良代替邪恶，以美好代替丑陋，以合理代替不合理，以正义代替不正义，以某类行为方式代替另类行为方式，从而在最终的意义上，伦理是一部分人反对另一部分人的思想武器。任何伦理准则的最终目的都是增加人类的自由而不是相反，当某种伦理准则已经成为整个社会实现自由或增加自由的阻碍因素时，意味着它已经走向自由的反面，既违背了伦理的完善原则，又不符合伦理正义原则。任何伦理都是思想的产物，因此任何伦理准则都是可以被思考和讨论的问题。

每个人必定会因为自身利益需求而对于人们获取利益的行为提出各种准则或规则，这些准则或规则一旦为人们所接受，就成为伦理，因此每个人都是发明伦理的责任者。每一个伦理责任人都在维护自身利益，他所提出的行为准则或规则要符合伦理的完善原则和正义原则并努力维护这些原则。那些拥有制定伦理准则或具体行为规则的公共权力的个人或组织必须谨慎运用理性，所提出的行为准则或规则必须符合伦理的完善原则和正义原则。

## 六　伦理本体

本体所指对象，在不同理论体系中存在差异。在日常语言中，本体指事物本身，即某种事物无论发生了什么变化或以什么样形态存在，事物的本原称为事物的本体。在哲学理论中，本体指宇宙起点或万事万物组成的整个世界的本源、起点或来源，关于世界本源的理论和观点被称为本体论，本体论是指称关于世界本源问题的理论。

什么是本体论？在哲学语境中，本体论一词具有两种使用方式，第一种是指柏拉图所创、终结于黑格尔的哲学门类，这也是本体论的原初含义；第二种是指回答"世界本源是什么"问题的相关理论观点。在西方哲学史上，第一次给出"本体论"定义的人是德国哲学家沃尔夫（Christian Wolff，1679—1754），沃尔夫对哲学知识作出以下分类：理论哲学、实践哲学；理论哲学包括逻辑学、形而上学；实践哲学包括自然法、道德学、国际法或政治学、经济学；作为理论哲学之一的形而上学，包括本体论、宇宙论、理性灵魂学、自然神学。黑格尔在对哲学知识进行分类时转述了沃尔夫的"本体论"概念："本体论，论述各种关于'有'的抽象的、完全普遍的哲学范畴，认为'有'是唯一的、善的；其中出现了唯一者、偶性、实体、因果、现象等范畴。"① 俞宣孟先生认为："所谓本体论就是运用以'是'为核心的范畴、逻辑地构造出来的哲学原理系统，它有三个基本的特征：（1）从实质上讲，本体论是与经验世界相分离或先于经验而独立存在的原理系统，这种哲学当然应归入客观唯心主义之列；（2）从方法论上讲，本体论采用的是逻辑的方法，主要是形式逻辑的方法，到了黑格尔发展为辩证逻辑的方法；（3）从形式上讲，本体论是关于'是'的哲学，'是'是经过哲学家改造以后而成为的一个具有最高、最普遍的逻辑规定性的概念，它包容其余种种作为'所是'的逻辑规定性。"② 因此，"本体论"是一种哲学形态，按照一定的逻辑关系演绎概念，构造原理。但是在中文语境中，"本体论"不再是指一种哲学形态，而是指一种哲学观点，即关于"世界本源是什么"这个问题的回答。

本体论具有两种理论形态。一种本体论是理性思维训练理论，以"是"为核心范畴，按照逻辑规定性演绎而成为哲学原理系统；作为一种哲学理论形态，本体论起源于柏拉图的理念论，是柏拉图创造的一种思想训练方法，即通过概念间关系的分析与推理，揭示概念背后的事实之间的联系和性质，从而达到对于人的抽象思维和逻辑思维能力的训练。第二种形态是回答世界本源问题的理论观点的综合。第一种本体论从柏拉图开始，经亚里士多德"形而上学"到基督教神学，在黑格尔的客观唯心主义哲学体系中达到顶峰，并趋于终结。

另一种本体论是指关于世界本源问题的相关理论。关于世界本源的理论包括三个基本理论：一是关于世界本源的理论，主要有唯物主义本体论和唯心主义本体论两个流派；二是关于自然本源理论，即自然观，如唯物主义自然观；三是关于社会历史本源理论，即社会历史观，如唯物史观，唯物史观提出的社会历史本体论是实践本体论，即人的实践活

---

① ［德］黑格尔：《哲学史讲演录》（第4卷），贺麟、王太庆等译，上海人民出版社2013年版，第194页。
② 俞宣孟：《本体论研究》，上海人民出版社2005年版，第27页。

动作为改造自然、建构自我、创制社会的本体或者基础。

伦理学关于伦理本体的理论有三个基本观点。第一，伦理以物质本体论为第一本体论。目前人类所能达到的认识高度依然是将客观物质性作为宇宙万物的根本属性，是一切事物的最终来源，宇宙万物的运行规律被称为"天道"，所谓"道生一，一生二，二生三，三生万物"。伦理是人类社会构成要素之一，以物质为第一本体，物质世界是伦理存在的自然基础。第二，伦理以实践本体论为第二本体论。人的实践活动通过物质生产和人口生产维持生命的存在和延续，创造出物质生产资料和生活资料，创造出人与自然以及人与人之间的各种价值关系，这是伦理得以存在的社会基础。第三，伦理以精神本体论为第三本体论。伦理是人的精神劳动的产物，当人类的精神劳动与物质劳动分工后，精神劳动开始构造人类生活所需要的精神因素，如知识、价值观、道德观、伦理观、理想、信仰、制度以及规则等，知识、价值观、道德观、伦理观、理想、信仰、制度以及规则构成人类行为的技术方法和立场，人类开始进入文化时代，真正的文明时代从此开始。伦理是精神劳动的产物，是关于什么是完善或善、什么是正义或正当的标准的设定，没有精神劳动，则没有伦理。

伦理三重本体论研究具有重要意义，它探究伦理的来源、伦理的本质以及伦理发展变化的动力，从而在遵循伦理存在与发展的必然性基础上，寻求一切与人的利益相关的事物的完善标准以及一切与人的利益相关的行为的正当标准。

## 七 伦理原则

伦理是关于自由本身以及一切与自由相关的事物应该如何才是完善的道理以及人与各种社会组织的行为应该如何才是正当的道理。因此，伦理有两个最高原则，一是完善原则，二是正义原则。

伦理原则，是指伦理为自由设置的最高规定。伦理为自由设置的最高规定体现为两个原则：一是完善原则，二是正义原则。伦理的完善原则是指伦理为行为主体享有自由的方式以及那些与自由相关的事物设定的完善标准；伦理的正义原则要求所有主体的行为目标和行为结果应该符合伦理的完善标准。

完善原则是伦理首要原则或第一原则，正义原则是伦理次级原则或第二原则，正义原则从完善原则引申而来，正义原则只有与完善原则相结合，以完善为目标，才可以得到准确解释。完善是对于人和社会存在状况的理想目标的规定，是关于自由的理想状况以及一切与自由相关事物的理想状况的设定；正义是对主体行为的正当性标准进行设定，行为只是为获取自由或实现自由提供条件，相对于完善目标而言，行为只是手段，手段从属于目的。如果没有完善原则作为目标，任何主体在价值关系中的任何行为正当与否，都不可能得到恰当的说明或规定，完善原则是正义原则的参照。

完善原则和正义原则与各种具体生活领域中的具体行为相结合，就产生了完善准则和正义准则。原则是整体，准则是部分；原则是一般属性，准则是具体规定；原则和准则的关系是一般与特殊的关系。人类的生产活动、生活方式以及交往关系形成多种多样的生活领域，每一个生活领域，每一类行为，都有各自的完善目标和对于行为结果的完善预期，这些预期形成特定生活领域中各种行为所遵循的完善准则；每一个生活领域都有各种正当性标准对相关行为进行规范，这些行为正当性的规范形成特定生活领域中各种行为所遵循的正义准则。伦理准则，是指基于伦理原则而设定的某一类社会存在的完善标准以及某一类行为的正当性标准。伦理完善准则，是指基于伦理完善原则而设定的某一类社会存在的理想模式或完善模式。伦理正义准则，是指基于伦理正义原则而设定的某一类行为的正当标准。伦理完善准则与伦理正义准则不可分割，伦理完善准则是伦理正义准则的方向，伦理正义准则是伦理完善准则的实现手段。虽然完善原则与正义原则超越时间、空间以及主体而成为普遍原则，但是，在不同历史时期不同人群所遵循的完善原则与正义原则的具体内容，差异极大，那些构成完善原则和正义原则的具体内容被称为准则，即完善准则或正义准则。

在中国和西方伦理思想史发展过程中，有一个思想行动一直在延续，但是从来没有获得成功，那就是创设可以超越时间、空间和人群的适用于一切境遇的伦理原则，之所以无法获得成功，是因为其没有区分伦理原则与伦理准则，将各种不同生活领域不同类型的行为应该遵循的伦理准则上升为超越时间、空间和人群，试图摆脱历史条件限制的伦理原则，试图以特殊代替一般，以某种具体规定代替共同本质。因此，只有作为最高原则的伦理完善和伦理正义具有普遍性和超越性，不存在某种超越时间、空间和人群的伦理准则。伦理原则的作用对象是所有社会生活的全部以及所有行为；伦理准则的作用对象是某一类行为。完善原则始终存在，但是在不同生活领域，存在很多类型的行为，这些同类行为遵循共同的完善准则。正义原则始终存在，但是在各个不同生活领域，存在很多类型的行为，这些同类行为遵循共同的正义准则。

与伦理准则高度相关是各种社会制度，但是伦理准则和社会制度不同。社会制度是对于行为方法的设计或规定，准则是对于行为方法的完善性或正当性的规定，社会制度是伦理准则的约束对象，而不是伦理规则，更不能凌驾于伦理规则之上。法律是制度的集中体现，但是法律不是伦理规则，任何法律都必须遵循某种伦理准则，这就是为什么公正成为法律准则的思想根据。

## 八 道德

道德概念及其相关名词如德、德性等，经常出现在理论知识和日常生活话语中。在道德哲学以及伦理学理论中，关于如何理解道德所指对象及其内涵存在很多分歧，日常用语中的道德一词的含义比较模糊。由

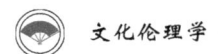

于在理论上没有对道德范畴进行精确阐述,以至于道德教育以及道德管理等行为存在疏漏,公众道德意识有可能因此被引入歧途或陷入混乱。

人类为什么要发明道德?发明道德是人类对抗邪恶的方式,是人类为摆脱人性不完善状态所作的努力,为人的发展水平设置的衡量标准。道德为杂乱的、各自为政的思想意识以及彼此冲突的逐利行为设置评判善恶的尺度,为人性设置通向完善状态的路标。

道德是什么?道德是"道"和"德"的总称。道德指的是两个对象,其一是道,即道理,规定什么是完善或善以及什么是正义的那些道理,设定各种事物完善标准以及人们在各种价值关系中行为方式的正当性标准,是一定历史时期一定群体关于完善和正义的共识,用来评价和引导人们实现自由或增加自由的行为方式。其二是德,或德性。准确理解德性的含义是全面理解道德概念的前提。

什么是德性?

德性概念是伦理思想体系中最重要的概念之一。人类思想意识中之所以出现德性观念,基于人类对于人本身以及一切与人相关的事物的完善状态的设定。什么是德性?随着伦理思想的演进,德性概念的内涵与外延不断变化,不同历史时期以及不同流派的伦理思想中,德性概念的含义并不一致;在同一个伦理思想家的思想体系中,德性概念可能在不同意义上被使用。

德性的第一种含义是指人和事物的良好品质。亚里士多德最初给出的德性定义是:"一切德性,只要某物以它为德性,就不但要使这东西状况良好,并且要给予它优秀的功能。例如眼睛的德性,就不但使眼睛明亮,还要使它的功能良好(眼睛的德性,就意味着视力敏锐)。……人的德性就是使人成为善良,并获得其优秀成果的品质。"[1]

---

① [古希腊] 亚里士多德:《亚里士多德选集:伦理学卷》,苗力田译,中国人民大学出版社1999年版,第38页。

德性的第二种含义是指人的灵魂的良好品质，德性概念内涵开始改变。亚里士多德指出："我们所说的德性并不是肉体的德性，是灵魂的德性。……灵魂有一个非理性的部分和一个理性部分，……非理性的部分似为一切动物和植物所共有，我指的是营养和生长的原因，这是一种潜能，包含在一切营养活动的灵魂中，也包含在胚胎中。……这一德性乃是全体生物所共有的而不是为人所独有。……不必再考虑营养的部分，因为它不属于人的本性的德性。"① 亚里士多德首先将德性与肉体分离，将德性概念限定在灵魂领域，与灵魂相关。如此一来，德性概念所指称的对象，由人和事物的品质转变为人的灵魂的理性品质。

德性的第三种含义是指灵魂所具备的良好的理性品质。亚里士多德将灵魂分为理性和非理性部分，德性是人的灵魂的理性部分以及分有理性的非理性部分，依据理性在灵魂不同部分的运用从而获得的良好品质。"非理性的部分是双重的，一部分是植物的，与理性绝不相干。另一部分是欲望，总的说是意向的部分，在一定程度上分有理性。因为它受到理性的约束。……若非理性的部分也可以称为理性的话，那么理性的部分也可以一分为二，一部分是理性在其中占主导地位的，另一部分只是对理性父亲般的顺从。"②

德性的最终内容被定义为理论理性的德性和实践理性的德性。德性被划分为理智德性和伦理德性；理智德性被划分为理论理性的德性和实践理性的德性。亚里士多德认为：既然灵魂有一个有理性的部分和一个没有理性的部分，这两个部分各有不同的活动，人的德性也可以分为理智德性和伦理德性。理性活动上的德性，即理智德性，可以由教导生成；欲望活动上的德性，即伦理德性，则需要通过习惯来养成。同时，既然理性的部分

---

① ［古希腊］亚里士多德：《亚里士多德选集：伦理学卷》，苗力田译，中国人民大学出版社1999年版，第27—28页。
② ［古希腊］亚里士多德：《亚里士多德选集：伦理学卷》，苗力田译，中国人民大学出版社1999年版，第28—29页。

又有两个部分，一部分思考其原因和本质不变的事物，另一部分思考可变的事物，理智德性就可以分为理论理性的德性和实践理性的德性。智慧是理论理性的德性，是人的最高等的德性，它是使人找到思想的出发点的理性。明智是实践理性的德性，一方面作为理智理性可以由教导而生成；另一方面又与伦理德性不可分离，其生成又离不开习惯。

至此，关于德性概念的含义基本定型，一直延续至今，即德性是人在认识活动和实践活动中运用理性而获得的灵魂的良好状态，即人的意识能动性在运用理性进行理论活动以及实践活动中所达到的良好状态和获得的良好的精神品质。人的意识能动性在运用理性进行理论活动以及实践活动中所达到的良好精神品质是指什么？如果这个问题不能够得到清晰的解释，那么德性概念依然未能获得思维的明晰性。亚里士多德赋予德性终极标准，从而最终完成了对德性概念的界定。亚里士多德指出："我们的探讨不是为了知道德性是什么，而是为了成为善良的人，……我们共同的出发点就是，合乎正确原则而行动。……在行为以及各种权宜之计中，正如健康一样，这里没有什么经久不变的东西。……只能是对症下药，顺水推舟，看情况怎样合适就怎样去做，……我们由于不图享乐而变得节制，而在变为节制之人后，我们就更能够回避享乐。这例子也可以用于勇敢，我们习惯于坚定而临危不惧，就成为勇敢的，在成为勇敢之后就更能够坚定无畏。"[①]

由此，德性概念得到完全阐释。所谓德性，是指人为了成为善良的人，在认识活动和实践活动中运用理性获得的灵魂的良好状态；或是指人为了成为善良的人，在运用理性进行理论活动以及实践活动中所获得的良好精神品质。

德性的构成要素是什么？在亚里士多德伦理学之后的各种伦理思想

---

① ［古希腊］亚里士多德：《亚里士多德选集：伦理学卷》，苗力田译，中国人民大学出版社1999年版，第32—33页。

体系中，德性概念依然是伦理思想核心概念之一，但是其含义并不完全一致，要么是指理智德性的实践理性部分，要么是指伦理德性，要么是指实践理性德性与伦理德性的综合。

完整的德性概念是指理智德性与伦理德性，理智德性包括理论理性的德性和实践理性的德性，因此完整的德性概念涵盖了理论理性德性、实践理性德性以及伦理德性。理论理性的德性是实践理性德性与伦理德性的基础，理论理性德性为实践理性德性以及伦理德性提供事实判断的认知前提，任何德性如果离开了事实判断和真理知识，都不能成为完全的德性；如果缺少理论理性支持，实践理性德性和伦理德性就有可能成为一种偶然德性。如果没有理论理性作为前提，没有真理认知作为保障，那么理性在实践运用以及指导非理性行为的过程中，就会由于缺乏准确的事实判断而难以获得实践理性的德性和伦理德性。此外，理论理性的德性本身就是最重要的德性，是智慧的基础，发现真理、创建真理知识、坚持真理，本身就是人类最重要的德性。

在理论理性德性的基础上形成的实践理性德性以及伦理德性，是人的属性的善或恶的状况的总称，是那些与善或恶相关的人的意识和行为所体现出来的人的属性的完善状况。德性或道德品质不是指人的属性的总体完善状况，而是指在个人与他人、个人与自我的价值关系中获取价值或在消费价值的过程中体现出来的意识完善状况以及行为方式和行为结果的完善状况：一是指精神品质的理性状况即非理性意识和行为的理性品质，是指个人的欲望、情感、情绪在理性指导或控制下所达到的良好状态；二是指精神品质的善良属性，即能否对自己和他人怀有善意；三是指精神品质的正义属性，即个人价值行为是否能够按照"道"的要求即遵守正义规则而言行；四是指精神品质的高尚属性，是指个人是否能够为了他人和集体的正当利益而努力行动，为了那些被认为是正义的事业如全人类的自由和解放事业而努力奋斗，甚至不惜牺牲自己的价值和自由。

伦理和道德不是意识形态。意识形态在理论和实践中有特定含义，是指理论化、体系化的意识形式。现代社会，意识形态是指政治意识形态，是指政治组织的指导思想，包括政治组织坚守的世界观、人生观、价值观、伦理观、道德观、方法论，方法论是政治组织政治行动的总纲领。因此，伦理和道德是意识活动的思想成果，但是不属于意识形态。某个政治组织可以将某种伦理和道德作为本组织意识形态的一部分，体现为该政治组织选择了什么样的完善原则和正义原则，要求组织成员具有什么样的道德品质，但是不能将伦理和道德当作意识形态。政治组织必定会选择某些伦理和道德作为本组织所坚守的意识形态的一部分内容或构成要素，但是不能因此将伦理和道德当作意识形态本身。例如，一棵大树吸收阳光雨露进行光合作用而逐渐成长直至成长为参天大树，但是阳光雨露只是阳光雨露，它们不是那棵大树，那棵大树不能因为吸收了阳光雨露而据此认为阳光雨露只属于自己。任何意识形态都要接受伦理原则和准则的评价从而被判定其是否完善或正义。

在社会生活实践中，道德和伦理所指的对象并不相同，因此，道德哲学和伦理学内容体系的重大区别，在于二者的覆盖范围不同，道德问题只是伦理学领域诸多问题的一部分。伦理学是关于善和正义的学说：一是关于人的精神品质的完善、各种社会主体即各种社会组织或联合体存在状态的完善、社会总体的完善、人的生活的理想状态以及社会公共生活的理想状态的学说，关注的基本问题是人应该如何才是更加完善的人，各种社会组织或联合体应该如何才是更加完善的社会组织或联合体，个人生活和社会公共生活应该如何才是好的或理想状态，我们应该建设一个什么样的社会；二是关于社会主体行为应该如何才是正当或正义的学说，关注的基本问题是个体在价值关系中应该如何行为才是正当的或正义的，个人之外的其他社会主体即各种社会组织或联合体应该如何行为才是正当或正义的。道德哲学是关于人的善良、正义以及高尚的学说，关注的基本问题是人追求价值的意识和行为应该如何才称得上是善的、正当的或高尚的品质；道德之道即为伦理，道德之德即为人性所能达到的伦理要求状况。

道德只是伦理的一部分，伦理的完善原则涵盖人的完善标准。人的完善不仅指道德品质完善，还有情感、理性、价值观、理想、信念、信仰、智慧等方面的发展和完善。伦理的正义原则涵盖个体行为正当性标准，个体行为正当性标准只是伦理正义原则的一部分，社会主体不仅有个体的人，还有以集体名义行为的各种社会主体，即各种社会组织或社会联合体，如家庭、单位、机构、组织、国家以及社会总体等，这些社会主体行为对于正义标准的设定是伦理正义原则不可或缺的核心内容。

有人安分守己，有人胡作非为；有人勤劳一生却难以维持温饱，有人不劳而获却贪得无厌；有人历经艰险解救众生，有人费尽心机祸害忠良。在人心险恶、人情冷漠之处，道德开始出现；在民生艰难、世道不公之时，伦理需要在场。道德是人性的救赎，伦理是社会的航标。但是无论何时道德和伦理都不能无视一个事实，那就是人生而不自由，却无往而不在追求自由的行动之中，人的生命活动就是一个为追求自由而不断努力的过程，充分重视这个事实并给予足够重视，在此基础上再进行道德追求和伦理建设，才是实事求是或从实际出发，道德和伦理才会接近智慧，而不是无力空谈。

伦理是一部分人对抗另一部分人的思想工具，即一部分人以自己理解的完善和正义对抗另一部分人所理解的完善和正义；或者是，在完善与正义作为公共标准已经存在的前提下，一部分遵循完善标准与正义标准的人，运用完善标准与正义标准对抗那些违背完善标准与正义标准的人，要求他们遵循已经成为社会共识的伦理的完善规定与正义规定。道德是一个人以某些意志和行为对抗自身某些意志和行为的思想工具，从而以某些好的人性代替不好的人性，用一部分行为代替另一部分行为，以善念代替恶念，以善行代替恶行。一个人无法左右大千世界，但是他可以为自己的灵魂操心，每一个人都是自己德性的第一责任者，要努力让自己成为一个善良的人，维护正义的人，以至于成为一个高尚的人。

一个值得尊重的民族，公众对于高尚的人会表达持久的尊重和敬仰，而且能够不断涌现以天下为己任的高尚的人的民族。

# 九　文化

文化，是人类精神劳动的产物，人类运用符号、行为以及物质等各种载体对人的精神活动过程和结果进行记录、叙述、呈现，形成可以传播、复制、阅读、理解、欣赏的精神产品，用来满足人类精神存在与精神进步所产生的各种需求，从而成为实现或再生产精神自由的条件。

由于创造文化所需要的理性能力与技术手段存在差异，文化结构呈现三个发展层级：一是文化的模仿层级即文化的初级阶段，人类运用符号、声音、动作或某些物品对各种自然或社会现象进行模仿、再现，记录或表达初级经验知识、简单的艺术作品以及各种基本观念，用来表达情感，寄托心灵，认知世界，满足人类精神生活的基本需要；二是文化的再现层级即文化的文本阶段，人类发明文字、数字以及书写符号，对漫长社会历史发展过程中积累的生活和生产经验进行总结和归纳，记录、叙述或传播人类对于自然存在和社会存在的各种普遍认识，创作可以阅读和流转的艺术作品，从而产生各种文本，人类通过阅读、接受教育或欣赏这些文本，满足精神生活需要，完善精神结构；三是文化的创新层级即文化的高级阶段，由于科学知识的不断创新和爆发式增长，科学技术革命成为文化生产和传播的核心力量，人类运用科学知识创新物质生产技术以及文本生产与传播技术，不仅为人类物质生产和物质生活带来从未有过的自由，而且为增强人类意识能动性、完善精神结构提供不断升级的科学知识资源和传播技术支持。

依据各种标准，可以将文化划分为各种类型。依据文化内容及其功能，可以将文化划分为理性知识、艺术作品以及游戏三种形式。文化的第一大类形式是理性知识。理性知识是指人类运用理性认知事物的本质和规律，设计行动方法、制定行动规则，在此基础上运用理性将实践经验加工成为系统化的认知形式即理性认识，并以各种符号表达和陈述理性认识从而形成理性知识。在理性知识体系之内，由于用途和功能的区别，理性知识分为思想理论知识、技术理论知识以及立场理论知识三个子类型。思想理论知识是指阐述事物本质和发展规律的知识，包括自然科学知识、社会科学知识和哲学知识。技术理论知识是指运用理论知识发明物质生产技术即自然科学技术，创造社会行动技术或方法即社会科学技术，体现为制度、法律、行动策略等形式。立场理论知识是指理性基于实践经验作出事实判断，在此基础上表达对于各种事物和现象的意见、表明行为立场而形成的知识形式，体现为价值观念、伦理观念、道德观念以及信仰。理论知识和技术知识对于立场知识具有直接而强大的影响力，立场知识变革的动力在于理论知识和技术知识的不断进步。

文化的第二大类形式是艺术作品。艺术作品是人类基于生活实践经验，运用想象力创造的各种作品，其以文字、符号、动作、音律以及物体呈现作品，满足人类精神生活需求，提供各种情绪体验，表达各种情感。依据表达形式，可以将艺术作品划分为文学、音乐、美术、舞蹈、书法、雕塑、建筑、景观、影视等形式。

文化的第三大类形式是游戏。游戏不是知识，也不是艺术，游戏是人类在生活实践经验以及基本生存技能的基础上创造的活动形式，活动形式由特定活动规则、活动程序以及活动结果的评价标准构成，目的是通过这些活动获得快乐、满足各种情绪体验。游戏分为智力游戏与活动游戏两个类型，棋牌类游戏属于智力游戏，追逐竞赛、球类竞赛等属于活动游戏，很多体育运动项目属于游戏范围。电子游戏是一种基于现代电子技术而开发的新型游戏类型，一个人如果过度沉迷电子游戏可能产生心理问题，玩物丧志。

人类最伟大的文化发明，不是"从万到一"，而是"从零到一"。"从万到一"是指从存在的万物出发，通过归纳的方式总结经验，以模仿或重复再现的方式生产文化;"从零到一"是基于人类对于存在的本质和规律的认识而建构科学真理的大厦,以颠覆认知或重构精神的方式创造文化,将科学知识转化为发达的科学技术,创造人类社会未曾有过的物质产品和精神产品。

文化来源于人的精神生产,而不是物质生产或其他生产,精神生产与物质生产都是从人的意识能动性开始,但是二者的根本区别在于,精神生产的过程是精神运动的过程,而物质生产的过程是人的意识通过劳动实践作用于物质的过程,因此精神生产的结果是精神产品,物质生产的结果是物质产品。人类劳动之所以分为物质生产活动和精神生产活动,原因在于两类需求赋予劳动不同目的。人类社会存在与发展,不仅需要物质条件,而且需要精神条件。物质生产活动的结果是物质产品,用以满足人的物质需要;精神生产活动的结果是精神产品,用以满足人的精神需要,即精神的存在、发展以及完善的需要。精神生产的产品以理论知识、规范、制度以及艺术等形式存在。精神产品需要借用语言、声音、符号、动作、物体等载体,对精神产品进行呈现、记载和叙述,但是这些载体只是文化的外在形式,而不是文化的内在本质。文化的内在本质是精神属性而不是物质属性。文化的出现,意味着人类文明的漫漫征途由此开启。

精神劳动是在物质生产发展到一定阶段出现的,精神劳动与物质劳动的分工,是人类文明真正的起点。与物质产品不同的是,精神产品以文本的形式作为基本存在形态。文化文本,就是文化的存在形态,是指以各种符号、行为以及生活方式作为载体,表达、叙述或呈现精神活动过程及结果而产生的社会存在。依据文化在人类生活领域中存在阶段的不同,可以将文化文本划分为叙述文本和社会文本。叙述文本是指存在于精神生产阶段的文化,精神生产的产品以理论知识、规范体系或制度以及艺术等形式存在,精神产品需要借助于或依托于各种载体得到叙述或呈现,这些载体包括语言、声音、符号、动作、物体等,它们对精神产品进行呈现、记载和叙述,构成文化的叙述文本,或呈现文本。按照内容元素，叙述文本分为四类：知识文本、规则文本、艺术文本以及游戏文本。精神生产借助于各种符号和载体，将认知结果呈现，产生知识文本。精神生产通过运用实践理性制定规则即法律、道德、制度、纪律等，产生规则文本。精神生产将情感、认知、再现、想象等活动的结果，通过符号、语言、动作、音像等载体进行完整的单元呈现，产生艺术文本。知识文本来自理论理性活动；规则文本来自实践理性活动；艺术文本是唯一以全部人类心灵能力或意识能力活动为条件而产生的文本形式。在叙述文本中存在一类特殊文本，即游戏文本。游戏是指依据人类的生产劳动和日常生活中经验而创造的、通过个人动作组合或多人行为配合而达到一定目标的娱乐活动。游戏具有以下几个基本特点：一是游戏来自经验，游戏的内容和形式来自生产和生活经验，是对生产和生活领域某些内容进行加工改造而成；二是为了娱乐，进行游戏唯一的目的就是获得快乐；三是属于精神成果，游戏的内容来自生产或生活经验，但是游戏是精神劳动的产物，不是自然现象；四是规则明确，任何游戏都是依据一定的规则而完成某个目标从而产生快乐。游戏通过各种动作或行为操纵得到呈现，也可以通过文字进行记录或呈现，因此游戏文本的载体是行为和文字，所谓游戏文本，就是以文字和行为呈现游戏过程而形成的文本。游戏文本是一种特殊的叙述文本。

文化文本的另一个形态是社会文本。所谓社会文本，是指那些负载着特定精神元素或文化内容的行为方式以及系列行为方式构成的生活方式。需要从三个角度准确理解社会文本。第一，社会文本的存在领域。社会文本并不是存在于精神生产领域，而是存在于所有生活领域；第二，社会文本是生活本身，是因为一定的生活方式负载了文化内容而成为文化研究的文本；第三，社会文本概念只是相对于文化研究活动而产生的认知结果，也就是说，文化研究在确定研究对象和研究范围的时候，将那些负载特定文化内容的行为方式以及生活方式当作研究对象，从而将其文本化。

精神劳动创造的文化为人的精神自由提供条件，同时，精神生产本身就是精神自由的体现，精神自由既是精神生产的条件，又是精神生产的产物。如果说物质贫困极大地限制了人类的行动自由，那么精神产品即文化的匮乏所限制的就是人类的精神自由。物资匮乏导致人处于饥寒交迫的生存境遇，文化的匮乏则导致精神结构处于不完善状态和欠发展状态，精神的不完善状态会导致人的生活方式的不完善；精神的欠发展状态不仅会减少所有实践活动的自由度，而且会导致整个社会物质文明和精神文明的发展受到阻碍。精神生产是人的自由的体现，同时精神生产创造精神自由所需要的文化条件，而且，精神自由深刻影响物质实践活动以及生活方式的自由度。精神生产的本质，就是人类为增加所有实践活动的自由而进行的生产活动，它的目的、过程和结果，都与自由密切相关，因此它必须接受"自由的法则"对其进行规范和约束。

## 十　文化权力

所谓文化权力，是指个人或组织将文化当作获取某种利益、达成某些目标的手段或工具的权力。

拥有文化权力的主体被称为文化权力主体。依据所属主体是个人还是集体进行分类，文化权力主体分为文化权力组织主体和文化权力个人主体。文化权力的组织主体主要有四个类型：公共权力机构如党政机关；各种民间组织机构包括商业组织机构；教育机构，主要指从基础教育到高等教育各层级的学校或其他教育机构；家庭。文化权力个人主体是指拥有文化权力的社会个体，权力为个人所有，而不是指代表各种组织机构行使文化权力的个人。文化权力并不是一个独立的权力形态，更不是指文化本身具有何种权力，而是指个人以及组织所具有的文化使用权与文化发展权。

依据文化权力的使用方式，我们可以将文化权力结构划分为经济的文化权力、政治的文化权力以及思想的文化权力三个类型。经济的文化权力，是指个人或组织以文化为工具获取经济利益的权力；政治的文化权力，是指个人或组织通过文化行动达到政治目标的权力，这是当今全球所有国家和地区所有政治组织都在试图获取的权力；思想的文化权力，是指个人或组织所拥有的运用文化进行精神生产和精神消费的权力。

## 十一 精神结构

精神结构，是指个体精神结构以及公共精神结构。个体精神结构是指人的自然意识和社会意识的构成要素及其活动状况。自然意识是人先天具有的意识，社会意识是指人在实践活动中形成的意识。自然意识和社会意识随着人的实践经验的改变而不断改变。实践活动包括物质生产活动、物质消费活动、精神生产活动、精神消费活动、社会交往活动等。在实践活动过程中，个人经验、他人经验、各种文化元素的输入等，不仅构成人的社会意识要素，而且改变人的自然意识的内容与活动方式。

自然意识包括以下几个方面。一是自然意识活动内容与方式，即基于人的各种自然属性或先天属性而产生的意识活动，主要表现为基于各种先天具有的生理需求而产生的意识活动，以生理需求的满足作为活动内容。二是自然意识的内容和方式，在各种生产和消费的实践活动中发生改变，人际交往关系的建立、变化与消除，不断改变个人从他人和社会中接受的思想观念，外界思想观念逐渐改变自然意识的内容与活动方式；个人接受教育、主动学习等，直接导致自然意识内容和方式的改变。社会意识是指人在实践活动中因为接受了文明社会的各种思想观念而形成的意识，通过接受教育和主动学习，个人的自然意识内容与活动方式发生改变的同时，个人的情感表达方式、理性认知能力、理性认知方式、价值观、伦理观、道德观、意义观念、理想、信念、信仰、艺术观念和艺术能力、审美观念以及审美方式等，逐渐被建构起来，社会意识是后天建构起来的意识。人的社会意识结构体现为意识对于各种文化成果的认知、理解和接受状况，即人的社会意识的完善状况。

拥有意识是所有动物的根本特征，拥有高级意识是人的根本特征，高级意识是指人类所具有的社会意识。依据意识所具有的能动性水平，可以将其划分为初级意识和高级意识。初级意识是指人和动物天然具有的对外界刺激做出反应的意识；高级意识是指人类所特有的以社会存在为内容的意识，它通过学习、教育等途径不断接受文化训练，不断接受文化信息的改造或建构而形成，相对于先天意识而言，它属于后天意识。意识的高级形式即社会意识，社会意识是在实践活动中逐渐发展起来的，它出现的标志就是人类劳动出现物质方式与精神方式的分工。

人的社会意识结构体现为意识对于各种文化成果的认知、理解和接受状况，即人的社会意识的完善状况。精神结构在理论知识、价值观念、道德观念、伦理、艺术等文化成果内化为人的意识元素之后逐渐发生变化，变化结果必然体现在人的感性活动和理性活动方式中。感性活动包括情感活动、情绪表达、欣赏活动产生的情感或情绪体验等；理性活动包括理性认知活动（包括知性认知和推理理性认知）、实践理性活动以及理性创造活动。精神结构以情感认同、理性判断以及行动意志等方式决定行为方式。个体精神结构标志着一个人的精神发展水平，不仅是精神自由的存在方式，也是精神自由的活动结果。

个体通过学习和接受教育等途径接受各种文化信息，文化元素因此内化为个体精神元素。个体意识经由文化改造获得了文化属性，形成逐渐完善的个体精神结构。与个体精神结构相对应的是公共精神结构，公共精神结构即公共意识，是指以社会公众共享、公认或共建的方式存在的社会意识。个体意识分为自然意识和社会意识两个阶段，但公共意识只能是以社会意识即高级意识的形式存在，因为公共意识的来源不是个体所具有的自然意识，而是来源于文化所具有的精神资源。文化资源是精神生产的产物，精神生产是个体意识的高阶活动方式，精神生产的产物包括理论知识、价值观念、道德观念、伦理、艺术、管理制度以及行动方法或技术等，它们以文化文本的形式呈现、再现、记载精神劳动成果，构成公共意识产生和发展所必需的精神资源。

具有内在联系的公共意识内容体系被称为公共精神结构，它是社会公众共享、共建、公认的精神元素所构成的精神共同体。公共精神结构的组成元素包括：知识体系；社会核心价值观体系；公民道德观念体系；伦理体系；社会共同理想；社会共同信仰；社会共同艺术观念。公共知识体系是一定历史时期一个国家或民族所拥有或愿意接纳的全部理论知识，它是所有个人判断和社会决策的真理基础，公共知识体系所达到的科学水平，从根本上决定了公共精神结构的科学水平。知识体系不仅是个人行动的认知依据、社会发展规划以及治理决策的依据，而且在转化为科学技术后成为第一生产力，从根本上影响着物质生产方式，知识体系决定了一定历史时期的国家或民族的物质文明程度。

核心价值观是指一定历史时期在一定社会范围内公众对于什么样的存在物可以构成自由的核心条件所做出的判断。公众对各种价值进行分析和判断后，选择某些价值作为实现和生产自由的基本条件，它们被称为核心价值；关于什么样的存在物可以构成生产和实现自由所需要的核心条件从而成为核心价值的看法或观念，被称为核心价值观。

伦理为个人行为和组织机构的行为提供理想目标和正当性依据，它向全社会宣布：无论是个人以及集体组织的行动，还是以国家名义进行的行动，其正当与否或高尚与否，都需要依据伦理的完善原则和正义原则加以判断。伦理为社会公众提供自由行动的合理方式，设置各种权力的界限，为社会设计自由的理想模式，将自由纳入正义管辖范围，为自由立规矩。

社会共同理想规划了一个时代公众共同向往的发展目标，是公众对于人与社会的存在状况以及发展目标的设想；共同信仰为公众思想观念的本体论、价值论、方法论、道德论共识提供终极依据及其合理性的终极论证，在信仰存在的地方，可以找到人类所有思想观念和行为的终极依据，它是人类精神最后的皈依之所。

社会共同艺术观念是一个被很多人忽视的公共精神结构要素，如果一个时代、一个国家或民族，缺乏必要的审美观念，缺乏充盈的艺术修养，文明将因此失色，公众文化素养将失去艺术的熏陶。社会共同艺术观念即公共艺术观念是指公众对于优秀文学艺术作品的尊重与敬仰，对于文学艺术创造活动的爱护，以及对于艺术水准和审美标准的共识。

社会公众共享、共建和公认的知识、公理以及文学艺术观念，构成公共精神结构，它产生的社会公众在思想观念和行动方式方面的共同性和一致性，是一个社会的精神共同体，从而成为上层建筑的核心。

## 十二 利益

利益依据自由而形成。人类因为需要自由并为自由的实现和增加而创造各种条件，所以产生了各种利益。人的一切有意识的活动，必定与自由相关，要么是再生产或扩大再生产那些实现自由所需要的条件，要么是交换使用价值为实现自由提供条件，要么是消费各种价值从而兑现自由或享有自由。因此，准确理解利益范畴，必须结合人类现实生活对于自由的需求以及为实现或增加自由提供条件的实践活动。

利益，是指自由以及那些自由赖以实现或增加的条件。首先，利益是指自由本身，即人们在现实生活中能够享有的自由，包括行动自由和精神自由。自由不仅是指人们可以做什么，开始某个行动，而且是指人们可以拒绝什么或者不做什么，停止某个行动。其次，利益是指自由得到实现或增加所需要的各种条件。无论是精神自由还是行动自由，都需要各种条件支持，如物质资料、精神资料、某种行为、特定关系等，如果没有相应的支持条件，人们就无法实现自由或增加自由，即无法获得期望的那种自由。最后，自由本身，以及实现和增加自由所需要的那些条件，成为人的利益。

利益问题是中国和西方伦理学及道德哲学探讨的基本问题，以利益问题作为分析其他问题的逻辑起点，这种理论现象或问题共识绝不是偶然出现的，而是因为在人类社会，所有有意识的行为最终指向某种利益的获取或生产。马克思和恩格斯在《德意志意识形态》一文中指出，人类历史存在的第一个前提是有生命的个人存在，而维持生命存在首先要进行物质生活资料的生产。在维护人和社会存在的过程中产生各种利益需求，这是事实判断，不是价值判断，也不是道德判断和伦理判断。如果忽视了掌控人的行为背后的利益机制，就违背了实事求是的原则，忽视了人的行为与社会运行所依赖的底层逻辑，会陷入一厢情愿的、脱离实际的思维方式。正因为利益问题的重要性，我国伦理学界有观点认为道德与利益关系问题是伦理学的基本问题。

伦理思想史出现过各种经典的探讨利益范畴的理论观点。约翰·洛克指出：公民利益指生命、自由、健康，以及金钱、土地、房屋、家具等。[①] 霍尔巴赫认为，"人们所谓的利益，就是每个人按照他的气质和特有的观念把自己的安乐寄托在那上面的那个对象；由此可见，利益就只是我们每个人看作是对自己的幸福所不可少的东西"[②]。

人的生命活动的过程的本质是自由的内容和形式持续展开的过程，自由本身以及那些支持自由得以实现和增加的条件被称为利益，约翰·洛克和霍尔巴赫所列举的利益类型，要么是指自由，要么是指实现和增加自由所需要的条件，至于幸福，不过是自由的某种形态而已。

依据利益与人的需求的关系，可以将利益分为物质利益与精神利益两个类型。用来满足人的物质生活需要的利益被称为物质利益，就是约

---

① 参见宋希仁主编《西方伦理思想史》（第 2 版），中国人民大学出版社 2010 年版，第 212 页。
② [法] 霍尔巴赫：《自然的体系》（上卷），管士滨译，商务印书馆 2009 年版，第 260—261 页。

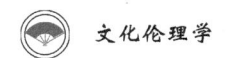

翰·洛克所说的生命、自由、健康，以及金钱、土地、房屋、家具等；用来满足人的精神生活需要的利益被称为精神利益，霍尔巴赫将每个人按照他的气质或特有的观念把自己的安乐寄托在上面的那个对象称为利益，由此扩展了利益类型，人们寄托自身安乐的对象，不仅有物质资料，还有精神资料，如知识、文学、艺术等，即文化。

依据利益重要程度的不同，可以将利益分为核心利益与非核心利益。核心利益是指对于个人或集体而言不可放弃、不可替代、对于自身存在与发展具有根本相关性的利益；非核心利益是指对于个人或集体而言可以用其他利益替代、对于自身存在和发展不构成生死攸关影响后果的利益。

依据利益所属主体的不同，可以将利益分为个人利益与集体利益两个类型。个人利益是指为个人自由以及为实现和增加个人自由所需要的那些条件。集体利益也称整体利益，是指作为社会主体的某种组织或机构拥有的利益，该利益可以由集体成员共享但是不可分拆。

在个人利益与集体利益之间，存在第三种利益类型即合作利益。合作利益是指独立的个体为了得到更大利益，按照某些原则联合行动以形成一个临时共同体，这个共同体以集体名义行动，获取各种利益，这些利益可以按照某些规则进行分割从而转化为个人的利益份额。

合作利益不是个人利益，也不是整体利益或集体利益。合作利益不能以集体利益的名义要求合作而成的共同体之外的其他个人或集体服从甚至是无条件服从合作共同体的利益。合作利益不过是个人利益的临时组合或放大形式，不具有集体利益的整体性与不可分割性。合作共同体中的个人按照契约方式实现个人利益，合作共同体没有权力要求个人无条件服从该共同体，个人有按照契约加入或退出合作共同体的自由。

个人利益与他人利益的关系、个人利益与集体利益的关系不是必然冲突的关系。利益关系存在三种类型：没有交集、互不干扰的利益关系；一致的利益关系；相互冲突的利益关系。三种利益关系的存在分别对应一定的客观条件。第一，没有交集、互不干扰的利益关系的存在条件是：利益的空间很大，每个人的利益、各种组织的利益、集体的利益都有可能找到自己合适的空间而互不打扰，在不同的利益关系系统中，如果个人、社会组织、集体之间没有形成价值关系，没有利益交集关系，则不存在利益冲突。第二，一致的利益关系。当某种利益关系中个人、社会组织、集体成为彼此利益目标的实现条件时，利己就是利他，利他就是利己，利己的同时可以利他，利他的同时可以利己。个人无法离开集体而单独存在，所以个人为了保存自己就必须维护他人和种族的利益，利己就必须利他，在这种条件下，个人、组织和集体之间的利益关系成为一致的利益关系。第三，相互冲突的利益关系。相互冲突的利益关系的形成原因主要有三种即自然原因、社会原因以及主体原因。一是自然原因，因为自然资源的短缺导致利益争夺，这种冲突的最好解决方式就是扩大生产力、增加生活资源供给量。二是社会原因，各种淘汰规则、竞争机制必然造成各种利益冲突，这是社会发展过程中无法避免的现象，解决这个冲突的方法不是取消社会管理、社会治理和竞争机制，而是尽一切可能保证社会管理制度、社会治理规则以及各种竞争机制的完善与公平。三是主体原因，某些个人或社会组织会在追求自身利益的时候违背伦理的完善原则和正义原则而与他人、组织和集体发生利益冲突，并不惜以损害他人的方式利己。这种利益冲突关系的调节方式分别是道德和法律。道德通过调整人的思想观念、增强善良意志而调整人的行为，法律通过公共权力的强制而规范人和组织的行为。

法律不是道德的底线，也不是伦理的底线。法律是基于某种行为后果而对行为方式的强行规定。任何法律条文的制定和实施必然遵循或体现某些伦理原则或伦理准则，但是法律不是为伦理和道德兜底，更不是为了某些伦理原则或伦理准则而制定相关条文、实施法治，法律只是以

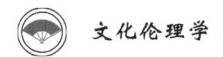

公共权力的方式对各种利益关系以及相关行为方式进行规定,赋予其合法性,阻止不合法的利益关系和相关行为。伦理的作用是"讲道理",道德的作用是"讲良心",法律的作用是"讲权利"。

## 十三 意 义

意义范畴是文化伦理学的核心范畴,如果没有意义范畴,文化伦理学理论体系就不会是完整的。在伦理思想史上,并非每一种伦理学理论都将意义作为核心范畴,但是并不意味着它们没有探讨意义问题,只不过是以近似范畴探讨意义问题。当某种伦理学理论将自由或幸福或快乐设定为人生目的或行为目标时,就是在探讨生命意义、生活意义以及人生意义之类的问题。

在文化伦理学领域,意义是指社会主体某个行动的最终目的以及社会主体所有行动的终极目的,某个行动的最终目的被称为阶段意义,所有行动的终极目的被称为终极意义。社会主体是指个体、合作共同体以及集体,包括个人、家庭、公共机构、合作共同体、国家、社会总体。社会主体某个行动的最终目的是指社会主体某一次行动或某一个行动的最终目的;社会主体所有行动的终极目的是指社会主体将自身存在过程的所有行为所归属的那个总目的。

意义的属性是主体设置或预期的某种终极目的,所有主体行动的目的最终都是为了自由,所以意义必定是某种形式的自由,或者是为了实现某种自由而提供条件。

自由具有各种内容和形式,社会主体将某种自由当作某个行动的最终目的,产生阶段意义;社会主体将某种形式或某种内容的自由当作自身所有行动的最终目的,产生终极意义。

理解意义范畴需要基于四个关键因素,即意义的四个属性。一是意义的主观性。任何意义都是行动主体对于某个行为的终极目标或所有行为终极目标的设置。二是预期属性。任何意义不是自由本身，也不是实现自由所需要的那些条件，而是指行为主体对于自由以及实现自由所需要条件的预期。三是终极属性。意义是行为主体对于某个单独的行动或者对于所有行动的目标的终极预期。四是自由属性，意义要么是行为主体预期的某种自由，要么就是预期实现某种自由所需要的条件。

意义的主观属性决定了个人或其他社会主体，对于自主行为的意义负有全部责任，如果主体认为自主行为具有某种意义，那么当他获得了相应的自由时，就意味着实现了自己设定的意义。所有关于"人生没有意义"的观点在理论和实践上都无法成立，因为所有主体都会为自己的行为设置某种最终目的；所有关于存在意义的追问，答案只能由社会主体做出回答，每个人为自己选择或设定的行为最终目的，就是每个人活着的意义；组织、机构、国家等为自己选择或设定的行为最终目的，就是它们存在的意义。

意义的预期属性决定了意义只是一种思想观念，是思想观念对于行为目的的看法、立场或期待，而不是指行为目的实现后的具体结果。因此，意义不是价值，也不是利益，它只是行为主体对于利益以及价值的预期。

意义的终极属性决定了追求意义是行动意志的根本动机。意义作为行为主体对于行为终极目标的预期，成为其行动意志的起点。正因为对于终极意义的追求，才产生了相关的一系列行动意志以及实际行动。

意义的自由属性决定了意义与自由相关。意义要么是行为主体预期的某种自由，要么就是预期实现某种自由所需要的条件，因此意义的设定是意志自由的体现，但意义的实现不仅需要意志自由，还需要行动自由，意义的实现意味着行为结果与意义设定相符合。

只有当个人和其他社会主体为自己设置了存在的意义时，才会有理想和信仰的确立。意义是个人心灵的归宿，是社会的远大理想。个人和其他社会主体，因为意义设定的差异导致行为方式选择以及发展目标的不同，个人的生命历程因此不同，文明因此不同。

# 第三章

# 伦理的完善原则

伦理的完善原则是伦理学的第一原则。追求"至善"即获得最好的行动结果是每个人自由自觉地行动的目的。伦理的完善不是每个人自认为的那些与人的自由相关的各种事物的"好",而是以伦理的方式为人们各自认为的"好"提供一个共同评价标准,引导人们确立行为目标,使之符合伦理的"好"的标准,即"应该如何才是好",从而产生伦理的完善原则。伦理的完善或善,是指行为目的"至善",相当于"好"的意思,与"不好"构成对立关系。伦理的完善或至善不是指人的德性的善良,人的德性善良只是人性完善的一种状态,伦理的完善或至善不是与恶相反的概念,而是指人的各种行为所要实现的目标符合其所认为的"好"的标准,那些符合"好"的标准的行为结果被认为是完善的,即善或至善。

伦理的完善原则是指伦理为行为主体自由自觉的活动以及那些与自由相关的事物设定的完善标准。伦理设定关于自由以及一切与自由相关事物应该如何才是更好的标准,以"自由自觉的活动目标应该如何才是更好的"为人的行为设置伦理原则,以共同伦理观念引导人与社会的发展,从而促进自由的增长,为人的全面发展和社会进步创造条件。

## 一　自由定律

自由定律是指与自由相关的规律。

自由定律之一：自由目的定律。人的一切活动，必定与自由相关，要么是增加自由，要么是实现或享有自由，要么是为增加和享有自由而创造所需条件。

自由定律之二：自由条件定律。每个行动主体生产自由的能力是有限的，因此每一个行动者自由的增加，都需要以他人以及个人联合体、社会组织以及自然环境所具有的生产自由的能力为条件。

自由定律之三：自由关系定律。行动主体的活动必然与他人、个人联合体、组织机构以及自然界发生某种关系，这些关系被称为价值关系或利益关系。

自由定律之四：自由增加定律。行动主体能够享有的自由与他能够生产的自由之间存在正向关联关系，行动者拥有的自由越多，他就有可能创造更多的自由。

自由的四个定律是伦理的完善原则的客观基础，伦理的完善原则为自由目的、自由条件以及自由关系设定更好的标准，改善自由的内容和形式，引导行为主体，为增加人的自由而努力。

## 二　自由的发展形态

人的生命过程是一个自由自觉的活动过程，依据人的能动性或主体性的发挥程度，可以将人的自由自觉的活动划分为三种发展形态：一是自然自由；二是伦理自由；三是高尚自由。三种形态的自由之间呈现出递进关系，如下图所示：

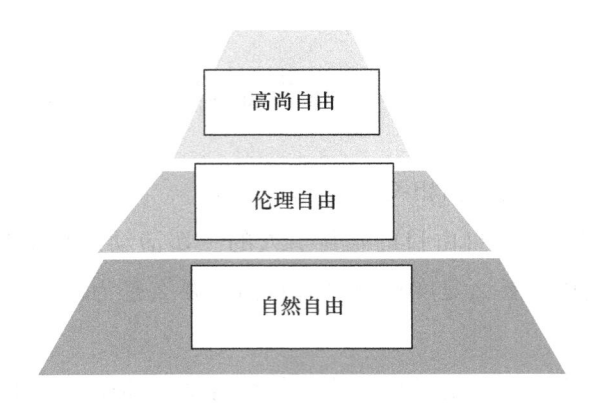

图 1 人的自由自觉活动的发展形态

自然自由是自由的原始形式，是指人依据自然属性进行各种活动。一方面，这种行动的表面现象显示为人的自由行动，但自由的来源不具有可选择性。个人可以选择自然自由的实现方式和实现数量，但是无法取消自然自由的来源，除非个体生命不存在。自然自由来自人的自然性或天性，是人之为人的基础。人类的生存和发展以自然自由为基础，任何自然自由都值得珍惜和尊重，只要自然自由没有对本人或他人造成伤害，自然自由的实现方式和实现数量，都可以得到宽容。追求快乐、幸福，避免孤独，追求爱情、友谊和亲情，追求物质富足等，其动力来自于人的天性，是自然自由的体现，是个人和社会的常态化存在方式，是一切美好生活的基础。

伦理自由是指个人和社会组织按照各种伦理原则以及具体准则而展开的各种行动。一方面，人按照伦理原则以及具体准则调整自然自由的方式，确定自然自由的数量；另一方面，按照伦理原则以及具体准则创新自由的内容和形式。伦理自由的本质，是将人类伦理意识注入自然自由，按照伦理原则或准则创造新的自由。伦理自由以自然自由为基础，完善了自然自由的内容和形式，同时增加了那些自然自由所没有的且符合伦理原则或准则的自由。伦理自由是自然自由的进化，是人的理性对于自然自由的改进，将自然自由从自然形式升级为社会形式。伦理自由将人与一般动物区别开来，人类文明以自然自由为基础，发展到伦理自由阶段才真正具备了文明属性和文化意义。追求民主、和谐、平等、公正、法治、爱国、敬业、诚信、友善等实践活动，是人类伦理自由的体现。

高尚自由是指个人和社会组织等主体为了他人和社会存在的更加完善状态而努力的自觉行动。高尚自由具有四个基本属性。一是高度自觉性，即体现高尚自由的行动是行动主体完全自主的行动，是主体基于追求伟大价值观和人生意义而进行的各种行动，行动主体具有高尚的人格和高尚的道德品质。二是利他性，即以他人、集体、国家和社会利益为目标，将自己当作增加他人、集体、国家和社会利益的条件，为实现他人幸福和社会完善而奋斗。三是正义性，即那些被认为是高尚的行动必须是正义的行动，并不是所有利他行动都是正义的，只有那些符合正义标准的利他行动才是高尚的行为。四是现实性，高尚自由以自然自由和伦理自由为基础，是自然自由和伦理自由的延续，符合伦理原则或准则，为人们满足合理的自然自由需求而努力。高尚自由以尊重自然自由为前提，以遵守伦理自由为界限，不尊重自然自由或违背伦理的自由，无法称为高尚自由。鲁迅在《中国人失去自信力了吗》一文中写道："我们从古以来，就有埋头苦干的人，有拼命硬干的人，有为民请命的人，有舍身求法的人，……虽是等于为帝王将相作家谱的所谓'正史'，也往往掩不住他们的光耀，这就是中国的脊梁。"那些"位卑未敢忘忧国""先天下之忧而忧，后天下之乐而乐"的人是高尚的人，他们为民请命的行动，是高尚自由的实现方式。

## 三　完善原则的责任：为自由设置目标

### （一）自由的完善定律

自由定律之五：自由完善定律。自由完善定律是在自由目的定律、自由条件定律、自由关系定律以及自由增加定律的基础上人的自主行动所必然产生的自由定律。

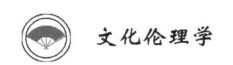

自由完善定律是指人的一切活动，必定与自由相关，要么是增加自由，要么是实现或享有自由，要么是为增加和享有自由而创造所需条件，因此，人的一切活动必然以改善人的存在状态或生存境遇为目的；为了实现目的，必然对实现目的所需要的条件提出完善要求。自由的完善定律形成了目的完善原则与条件完善原则。

完善原则的责任是为自由设置目标，设定"行动结果应该如何才是更好"的标准，引导行为方向符合伦理要求。

**（二）完善原则的责任**

完善原则的责任是自由定律发生作用的必然结果。自由规律是客观规律，人只要活着，就需要自由，人的一切行动以自由为条件，以自由为目的，这是自由规律，具有必然性。在自由规律作用下，人的行动面临的首要问题是如何实现那些对于自由的期待。人能够实现或享有的自由是什么，即他的生活状况、生命活动过程的理想状况是什么，生命过程应该如何才符合人的理想模式或预期目标，即人能够享有的自由的内容和形式应该如何才是自己所期待的，这是每一个人的生命过程中始终存在的问题。实现预期目标需要各种条件，这些条件分为人的自身条件、自然条件、社会条件以及关系条件，直接决定了人们能够实现自由、享受自由以及增加自由的结果。人的发展水平、自然条件、社会条件以及关系条件越是优良，人实现自由的可能性越大，享受自由的内容和形式越丰富，增加自由的效率越高。相反，如果人的自身状况、自然条件、社会条件以及关系条件越是恶劣，人实现自由的可能性越小，享受自由的内容和形式越简陋，增加自由的效率越低。因此，每一个人、每一个社会主体，必定对那些实现自由、享受自由以及增加自由的条件提出理想模式即完善状况。伦理的完善原则所要解决的问题，是基于各种完善或善的观念，创设一个公共标准，不仅为人们提供"自由本身以及一切与自由相关的事物应该如何才是完善或善的"判断标准，而且以"更好"

或"更为完善"的目标引导社会发展方向，这是伦理的责任，也是伦理的价值所在。

## 四 完善原则的产生

完善原则的产生具有必然性。人的所有活动，都必然面临一个矛盾，解决各种问题的过程就是促进整个矛盾变化的过程，这个矛盾，就是人的自由与不自由之间的对立与同一状态。一方面，人生而自由，人的生命活动过程不过是自由的内容和形式持续展开的过程；另一方面，人生而不自由，人类毕竟是有限的理性存在者，自然界、物质劳动以及精神劳动能够为自由的实现和增加所能提供的条件，与人对于自由的需求之间存在巨大不平衡。因为各种自然原因或社会制度的规定，物质财富和精神财富的分配结果永远不可能让每个人满意，难以达到每个人对于自由的预期，不完善，不完美，不满足，不美好，不自由，是人类生活的常态，但是追求自由是人类永远不可能放弃的生存目标，人生而不自由，却无往而不在追求自由的行动之中。

因此，只要个体生存需要持续，只要个人和社会不断被再生产，人类就会一直为了实现和增加自由而展开行动，人类对于生存状态能够实现自由和增加自由的需要，是完善原则产生的客观基础和必然性根据。

完善原则的产生不仅具有客观必然性，也是人的主观能动性的体现，是精神劳动的结果。完善原则赖以形成的精神劳动的第一种方式是个人对于个人自由状况的理想目标的设定。追求自由是人类永远不可能放弃的生存目标，个体试图通过行动克服各种因素的限制而达到理想的自由生活。个人在为自己设定理想的自由状况时必然遇到的难题是，其他社会主体即他人或各种社会组织、国家、各种社会关系以及其他社会要素、自然以及人与自然的关系、社会总体的存续状况，是否能成为他实现自由或增加自由的条件，这些社会存在和自然存在，是他实现和增加自由的条件，还是阻碍他实现和增加自由的因素？每个人基于自己的自由预期，必定会思考这样的问题从而对其他社会主体即他人或各种社会组织、国家、各种社会关系以及其他社会要素、自然以及人与自然的关系、社会总体的存续状况提出理想状况的预期即完善要求，这是完善原则得以产生的人的需要基础。

完善原则赖以形成的精神劳动的第二种方式是思想者的精神劳动。个体天然地从自己对于自由的需要和期望出发对各种社会存在和自然存在提出完善要求。在此之外，有一类人，他们被称为思想者或思想家，他们不是从自己个人利益出发思考与完善相关的问题，而是为人类生活设计社会存在与自然存在的理想状况或完善状况，产生伦理思想，创设伦理的完善原则，并在理性能力所及范围内，赋予完善原则以合理性、可能性和普适性。在人类社会艰难前行的过程中，正是因为这些伟大思想者的思想成果，文明才有了方向，行动才有了路标。思想是文明的种子，思想者是为人类文明的美好前景辛勤拓荒和播种的人，也许一生寂寂无闻甚至衣食困顿，但其对于人的自由和社会发展的贡献，将被载入史册。

在完善原则的形成过程中，权力具有巨大作用。政治权力、经济权力、文化权力即文化生产与传播权力的拥有者，出于各种利益需求或社会历史责任感，对于社会主体、社会关系、各种社会要素如物质条件、自然界以及人与自然的关系、社会总体的存续状况，提出各种理想模式和完善标准，形成完善原则，因为权力的作用，他们提出的完善原则逐渐为公众所认知直至认同。

完善原则能否作为伦理原则发挥作用，取决于社会共识是否形成。个人出于自身利益考虑提出完善标准，思想者出于社会责任感创设完善标准，权力拥有者出于利益或社会责任感提出或传播完善标准，但是在社会生活和思想史的演进过程中出现过如此之多的完善模式设计，只有当转化为公众的认知和认同，并且公众愿意接受并将其作为实践活动的目标时，完善模式才成为公共完善原则，伦理的完善原则因此具有了公共性。

## 五　完善原则的结构

完善原则是正义原则的前提，完善原则的结构产生了相对应的正义原则的结构。

### (一) 完善原则的适用对象

完善原则的适用对象分为如下几类：

一是人自身的素养，主要指人的生理素养与精神素养。人的生理素养是指人的生命存在质量，即人的精神素养指人的意识能动性，人的精神结构如感性、知性和理性要素。

二是自由本身，即人的有意识的行动。自由行动的主体分为两类，一是个人，二是各种社会组织。社会组织的自主活动必然是通过个人行动完成，但是个人代表的是组织的意志，因而是其所属组织的自主行动的一部分。行动主体的自由是完善原则所要规范的对象。

三是自然存在物，即自然界或天然存在的事物。人类社会存在的前提是有生命的个人存在，生命的存在及其延续需要消耗物质资料，因而需要不断进行物质资料的生产，在物质生产过程中人类与自然之间产生价值关系，自然存在物成为生理自由和基础自由得以存在和延续的条件。

四是人类社会的各种事物即人的社会实践创造的一切事物，主要是经济基础和上层建筑等要素，包括生产技术、物质产品、理论知识、艺术作品、制度、法律、伦理、各种社会组织等。

五是关系，即人与自然之间的关系、人与社会之间的关系；或者说是人与人之间的关系以及人与物之间的关系。伦理的完善原则所要解决的问题是：自由本身以及一切与自由有关的存在，无论是各种主体所享有的自由的形式，还是那些实现自由或生产自由所需要的条件，它们应该如何才是善的或更好的。

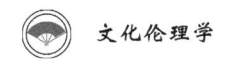

### (二) 完善原则的构成

完善原则的结构的形成基础是自由的完善定律。

1. 目的完善原则

目的完善原则是指伦理为一切活动设定"行动目的应该如何才是更好"的标准。人的任何有意识的行动必定有某种目的，伦理的目的完善原则不是指各种行动所具有的目的，而是设定"目的应该如何才是更好"的标准，并作为行为主体设置行为目的的参照，同时作为人们评价行为目的是否符合伦理的依据，将人类行为由自发状态引导为伦理状态。

伦理的目的完善原则所设置的"目的应该如何才是更好"的标准是什么？人的所有行动都与自由相关，即为了实现自由、享受自由，或者是为了增加自由，这是自由的目的定律所显示的客观必然性，只要人的生命过程得以延续，自由目的定律就会起作用。个人或社会组织的行动，并不必然会产生生存境遇的美好和人生的幸福与圆满，行动者实现自由或增加自由的行为，并不必然会改善生存境遇，完善人生方式，因此，伦理的目的完善原则所设置的"目的应该如何才是更好"的标准是：每个人的行动都应该以改善人类的生存境遇、完善人生方式为目的，这是自由的最终归宿，是终极完善，或终极目的的完善。

人的生命过程是人的自由自觉的活动过程，所有人终其一生，都在为改善自己或他人的生存境遇而努力。完善原则的作用，不是促使人们为改善自己或他人的生存境遇而努力，而是设置"什么样的行为目的才是更好的或更为完善的"标准，从而为人的各种活动过程设置"应该如何才是更好的"行动目标，引导行为方向，规定人生理想，为人的存在状态和生存境遇的改善提供一个理想的伦理标准。因此，伦理的完善原则首先是目的完善原则，没有目的完善原则，所有伦理原则都将失去依据。

2. 条件完善原则

条件完善原则是指伦理为那些实现自由、增加自由所需要的条件应该如何才是完善的或更好的状况设置的标准。实现自由、增加自由所需要的条件分为五类：一是人自身的素养；二是自由本身，即人的有意识的行动；三是自然存在物，即自然界或天然存在的事物；四是人类社会的各种事物即人的社会实践创造的一切事物；五是关系，即人与自然之间的关系、人与人之间的关系以及人与物之间的关系。

条件完善原则包括四个方面的内容。一是设定人自身应该如何的完善状况或理想标准，即人的生理状况、思想意识或精神结构等要素应该如何才是完善的标准，要求个人和社会组织的所有行动应该达到伦理所规定的人的完善标准；二是设定自然存在物应该如何完善状况或理想标准；三是设定社会应该如何的完善状况或理想标准，包括生产力、价值关系、家庭、社会组织、公共权力机构、国家以及社会总体完善状况和理想标准；四是设定人与自然、人与人、人与物之间价值关系的完善状况和理想标准。

关系完善原则属于条件完善原则的重要组成部分，伦理为价值关系应该如何设定的完善标准。价值关系包括人与自然的关系、社会主体间的关系、人与物的关系、人与思想观念的关系以及人与文化的关系。关系本质上都是价值关系，这些价值关系不仅是人的活动的结果，也是人获取各种利益的条件，价值关系是否完善直接关系到人的活动结果是否能达到理想目标，因此，伦理的条件完善原则必须对价值关系的完善状况提出理想标准。例如，儒家伦理为人与人之间关系设定的理想状况是夫妇有爱、父子有亲、君臣有义、长幼有序、朋友有信。其次，在设定了思想、行为以及实践活动产生的各种事物的理想标准基础上，伦理的完善准则将理想标准作为人的行为应该达到的目标以引导人的行为。夫妇关系的完善准则是夫妇有爱，要求夫妻互相敬爱，和谐相处；父子关系的完善准则是父子有亲，对人的行为要求是：父辈慈惠以教子女，子女端正态度孝敬父辈，敬养父母，礼待父母，待父母温和，委婉劝谏父母过失，善保己身，行正道，继承父母志向；

君臣关系的完善准则是君臣有义，对人的行为要求是：君使臣有礼，尚贤使能，宽待下民，公平无偏，臣以道事君，以忠敬事君，在不欺君的前提下，及时进谏；孟子认为对于残暴君主，臣子可以奋起讨伐。长幼关系的完善准则是长幼有序，对人的行为要求是兄爱弟悌，即兄长爱护弟弟，弟弟敬爱兄长。朋友之间关系的完善准则是朋友有信，对人的行为要求是朋友相处，保持忠信；相互责善（相互提高），患难相扶，在物质上互相帮助。

完善原则的本质是对于自由的美好预期。完善原则是对自由行动结果的美好预期，为自由行动设定一个理想目标，引导自由行动为实现理想目标而努力；完善原则是对于那些自由得以增加和实现所需要的各种条件的美好预期，引导人们为获得更美好的自由而创造各种条件。因此，伦理完善原则对于个体和各种社会主体的要求是：当所有个人和社会组织在价值关系中获取价值时，以追求自身、各种事物、各种关系的理想状态或美好状态作为行为目标。此处的主体是那些存在于各种价值关系中的利益主体，分为以下两个类型：一类是社会主体，另一类是自然界。社会主体包括以下四个类型：一是个人或个体；二是各种社会组织，如家庭、机构、单位、各种联合体；三是指国家，即各种社会组织的总体；四是指社会总体，即个人、社会组织、国家组成的总体。与社会主体相对应的是另一类伦理主体即是自然界。自然界不是有意识的理性个体，也不是社会存在物，但是自然界之所以成为伦理主体，是因为人在实现自由或增加自由而进行的各种实践活动中与自然界发生关系，自然界成为人的实践行动产生的各种价值关系中的一个独立因素，一个可以因为自身的必然性或因果性而对人的各种自由的实现和增加产生重要影响的存在者，因此，自然界成为伦理主体，生态伦理，生态文明，保护自然等观念，正是出于人与自然之间的价值关系而形成的伦理准则。视自然为人类之母、尊重自然、万物有灵等观念的产生，不是出于人的无端想象，而是人与自然之间价值关系在意识中的反映。

## 六　完善准则的演进

### （一）完善准则的分类

完善原则在不同生活领域各类实践活动中的具体体现，成为这些实践活动遵循的伦理完善准则。按照生活领域或实践活动领域为标准进行划分，完善准则分为自然界完善准则和社会完善准则。自然完善准则是指人类对于自然界各种构成要素及其总体的完善状况的预期或理想状况的设定，如生态友好、绿水青山等。社会完善准则是指人类对于人的素养、人生方式、各种社会组织或其他社会现象的完善状况的预期或理想状况的设定。

在社会完善准则体系中，以社会实践活动主体以及社会实践结果来划分，可以将社会完善准则划分为社会主体完善准则以及社会存在的完善准则。社会主体是指个体、家庭、个人联合体、集体、国家以及社会总体，社会主体完善准则是指对于各种社会主体发展目标的预期或设定；社会存在的完善准则是指对于实践行动产生的各种结果即各种社会存在的完善状况的预期或设定，这些社会存在包括政治活动及其结果、经济活动及其结果、思想文化活动及其结果；人的所有活动都必然产生某种关系，人与自然的关系、人与各种社会中存在的事物的关系以及人与人的关系都是人的活动结果，对于社会关系的完善状况的预期或设定是伦理准则的重要功能。

所有完善准则，要么是关于某种自由的理想状况的设定，要么是关于自由得以实现或再生产的各种条件的完善状况的设定。人的任何行为都与自由相关，要么是实现自由，要么是再生产或扩大再生产自由。实现自由以及再生产自由必然需要某种条件，这些条件就是价值。人的所有行为，要么是实现自由，以某种方式享受自由，要么是为了实现某种自由而创造条件，先有完善的条件，才可能产生完善的结果，因此，所有完善准则都是对于自由的完善状况以及实现自由所需要的条件的完善状况的设定,所有的正义都是以结果完善和条件完善两种准则作为参照。

人的完善准则是指对于人的身体、情绪、知识、价值观、道德观、伦理观、理想、信仰等要素的完善状况的预期或设定,即对于人的发展目标的设定。国家的完善准则是指对于国家政治制度、经济基础以及上层建筑要素的完善状况的预期或设定,即对于国家发展目标的设定,如国家的富强、民主、文明、法治、和平等;社会关系的完善准则是指对于人与人之间关系的完善状况或理想模式的预期或设定,如社会关系的和谐、友善等。

人生方式的完善准则是指对于人的生命活动过程的完善状态或理想模式的设定,其本质是对于人生意义的设定,即规定一个人应该追求什么样的人生意义。

这里要特别注意的是,人生方式的完善与人生方式的完善准则所指的不是同一个对象,二者是彼此独立的社会现象。设定完善的人生方式是指个人对于自己人生意义的设定,特点是主体性和选择性。设定人生方式的完善目标或理想模式,首先是人的主体性活动的结果,是人的精神能动性的产物,是人对于自身存在的理想方式的顶层设计。任何一个人,只要他试图摆脱蒙昧和野蛮状态,就必须与人类文明之间保持文化交流,接受教育,学习知识、价值观念、伦理思想,从而赋予自己一个机会,一个从思想意识蒙昧的自然人阶段发展到精神得到启蒙、意识逐渐觉悟的文化人阶段。在人接受教育和文化输入的过程中,他对于人生意义的认知、理解和选择,必然受到启发和引导,这是一个人发展和完善的必需条件,但是每个人都是自己人生意义的主人,对于自己的人生意义设定负有全部责任,任何人都没有权利为他人设置人生意义。一个人可以对他人如何设定人生意义提出建议或教导,但是不能强迫为之。没有得到他人允许和同意而是凭借各种压力强迫他人接受某种人生意义,就是强迫他人按照某种方式度过自己的一生,本质上就是要求他人按照某种被设定的方式去获得自由或实现自由,一种按照他人要求而不是通过自身主体地位为自己设定人生意义的人生，无论获得多少自由或实现什么样的自由，其本质都是被控制的人生方式从而不可能是真正自由的人生方式。设定人生方式的完善目标或理想模式是个人选择的结果，即人生意义设定行为的选择特征。每个人都是人生意义的发明者，因此人类思想中存在丰富的关于人生意义的理解和陈述内容；每个人都是选择者，在人类思想的意义体系中选择某种人生意义从而完成自己所认为的完善的人生方式的设定。

人生方式的完善准则是指一种伦理准则，它来自于每个人对于人生意义的理解和设定，但它是一种公共意识或公共思想观念，在现实生活中由于各种因素的合力作用而形成的对于公众具有共同约束力和指导作用的行为准则，它是关于什么样的人生方式是善的、什么样的人生意义是值得追求的公共标准，是从各种人生方式和人生意义当中，选择某种被公认为是完善的、理想的人生方式和人生意义，作为公众设定人生方式和人生意义的参照标准，从而成为一个规定人生方式的完善与否的伦理准则，一个启蒙每个人关于人生意义的理解、引导人们选择某种人生意义的伦理准则。

在伦理思想史演进过程中，中国和西方伦理学对于人生方式的完善准则的设定结果差异很大。无论每个人如何设定人生意义，都是从解决三个基本问题开始：一是如何对待自己，二是如何对待他人或群体，三是如何对待自己和他人以及群体的关系。依据对于上述三个问题的不同回答，可以将人生方式的完善准则分为三类。第一类是基于个人自由本位设定人生意义，将人生的完善方式或人生意义设定为获得幸福、自由、快乐等。第二类是基于群体利益本位设定人生意义，将人生的完善方式或人生意义设定为通过自己的努力为他人、集体和社会谋福利，先天下之忧而忧，后天下之乐而乐，仁者爱人。第三类是基于人与人之间价值关系的平等和公正设定人生的完善方式和人生意义，即每个人都有权利获得自己的自由或快乐、幸福，但是不得以损害他人正当利益和正当自由为条件，即每个人自由而全面的发展是一切人自由而全面发展的条件；不能仅仅将他人作为实现个人自由的手段，同时也要将他人视为行为的目的即一个可以通过他人的行动获得自由的主体。

在伦理思想体系中，关于人的完善的伦理准则的第一类伦理思想主要有个人主义、人本主义、自由主义、功利主义、中国道家哲学等伦理思想流派；关于人的完善的伦理准则的第二类伦理思想主要有功利主义、儒家思想、马克思主义伦理思想等；关于人的完善的伦理准则的第三类伦理思想主要有墨家思想、社会契约论、功利主义、正义论、马克思主义伦理思想等。

### （二）人的完善准则列举

伦理的完善准则运用于三个方面：一是设定社会主体、自然主体以及各种社会要素内在结构的完善或理想状态的判断标准；二是设定社会主体、自然主体以及各种社会要素外在状态的完善或理想状态的判断标准；三是设定各种价值关系的完善状态的判断标准。完善准则是完善原则对于各种社会存在提出的理想目标和发展要求，引导人类文明的前进方向。

表1　　　　　　　　　人的素养结构的完善准则

| 思想家、思想流派 \ 完善准则 | 人的素养结构的完善准则 |
| --- | --- |
| 苏格拉底 | 1. 德性即知识<br>2. 人的智慧、节制、正义、勇敢 |
| 柏拉图 | 四元德：智慧、勇敢、正义、节制 |
| 亚里士多德 | 1. 两种德性：伦理德性与理智德性<br>2. 亚里士多德认为制作不属于实践 |
| 斯多亚学派 | 圣贤：对世界有完备的知识，经验丰富，博学多闻，对道德善恶有判断能力 |
| 人道主义 | 个性解放和思想自由 |
| 斯宾诺莎 | 追求德性为人生目的，除德性之外，世界上不存在更有价值的东西 |

续表

| 思想家、思想流派 | 完善准则 — 人的素养结构的完善准则 |
|---|---|
| 培根 | 知识和道德相结合；情感完善 |
| 霍布斯 | 正义、感恩、谦谨、公道、仁慈，是善，能做到这些的人就是有美德的人 |
| 斯密 | 1. 有益于我们自己的品质：小心、谨慎、进取、刻苦、勤奋、简朴、节约、简练、机智、慎重、识别力、节欲、持重、容忍、坚贞、不屈不挠、深谋远虑、体谅、守密、含蓄、灵巧、镇定自如、有条理、思维敏捷<br>2. 直接让自己愉快的品质：幽默、自重、有骨气、文雅<br>3. 直接让他人愉快的品质：关心、尊重、机智、性情好、明智、谦逊、礼貌、正派、爱清洁 |
| 卢梭 | 不是毁灭或消除人心中的情欲，而是将它引导到于人于己都有益的事物上去，把人的情欲限制在正确范围之内 |
| 边沁 | 1. 内心的修炼是实现人的幸福条件之一<br>2. 多元的爱好、健康、崇尚德性、个体自由发展 |
| 达尔文 | 勇敢、服从、忠诚、献身、人道、仁爱、爱国、爱真理、敢怀疑 |
| 孔子 | 1. 智、仁、勇三大德；中庸<br>2. 克己复礼为仁 |
| 老子 | 贵柔，知足 |
| 孟子 | 仁、义、礼、智四德 |
| 董仲舒 | 仁、义、礼、智、信 |
| 中国传统文化的人格修养的完善标准 | 儒家：四维八德<br>四维：礼、义、廉、耻<br>八德：忠、孝、仁、爱、信、义、和、平<br>1. 明明德，亲民，止于至善<br>2. 吾日三省吾身，是关于仁，义，智<br>3. 孟子：养浩然之气，精神境界高远，义勇信念支配下而产生的刚毅、勇敢、无所畏惧、勇往直前的精神状态<br>4. 养志：三军可夺帅也，匹夫不可夺志。志向远大，是指对于人生意义的设定和追求的志向<br>5. 境界：君子，仁人，圣人<br>6. 品格：君子：智仁勇三德具备，并有坚守的意志；仁人：己欲立而立人，己欲达而达人，无求生而害仁，匡正天下，免除民众苦难，坚持正义，宁折不弯。圣人：内有仁德，外有王功，博施于民而能济众<br>7. 孟子："善"充实在身上就叫"美"；既充实又有光辉就叫"大"；既"大"又能感化万物就叫"圣"；"圣"到妙不可知就叫"神" |

说明：表1中列举的中国思想家以及思想流派的观点引自"焦国成：《中国伦理学通论》，山西教育出版社1997年版"。表格中列举的西方思想家以及思想流派的观点引自"宋希仁主编：《西方伦理思想史》（第2版），中国人民大学出版社2010年版"。

表2　　　　　　　　　　人的存在方式的完善准则

| 思想家、思想流派 \ 完善准则 | 人的存在方式的完善准则 |
|---|---|
| 苏格拉底 | 1. 不仅要活着，而且要活得更好<br>2. 善生：对于每一个人来说，如何做到使自己达到善生，是人生最高追求<br>3. 幸福：幸福生活以善为条件 |
| 亚里士多德 | 1. 幸福原则：伦理主体所有活动总目的，即人的可实践的最高善是幸福<br>2. 什么是幸福：沉思的生活和符合伦理德性的生活 |
| 快乐主义 | 1. 追求快乐。伊壁鸠鲁伦理学的中心是人生问题，人生的目的就是追求快乐，快乐就是人生最高的善<br>2. 快乐不是奢侈放荡，而是身体的无痛苦和灵魂的无纷扰。即身体健康，灵魂平静 |
| 人道主义 | 主张现世生活的幸福而不是来世 |
| 斯宾诺莎 | 德性的基础就在于保持自我存在的努力，而一个人的幸福就在于他能够保持其自己的存在；这是主体理想存在状态 |
| 培根 | 不能只注重个人快乐和幸福，或者只是空洞谈公共幸福，合理地将个人幸福与公共幸福结合起来 |
| 卢梭 | 1. 人类自我改造，从小我到大我<br>2. 社会人、道德人代替自然人 |
| 边沁 | 1. 什么样的生活：幸福。快乐不是生活目标，快乐之外的目的作为生活目标，如幸福<br>2. 人应该如何生活？个人自由权和自我的发展是幸福的重要内容 |
| 孔子 | 仁者爱人，温、良、恭、俭、让 |
| 中国传统文化的人格修养的完善标准 | 1. 君子喻于义，小人喻于利<br>2. 先天下之忧而忧，后天下之乐而乐<br>3. 民以食为天，幸福生活<br>4. 《大学》的三纲领：明明德、亲民、止于至善<br>八条目：格物、致知、诚意、正心、修身、齐家、治国、平天下，核心为"修己以安百姓" |

说明：表2中列举的中国思想家以及思想流派的观点引自"焦国成：《中国伦理学通论》，山西教育出版社1997年版"。表格中列举的西方思想家以及思想流派的观点引自"宋希仁主编：《西方伦理思想史》（第2版），中国人民大学出版社2010年版"。

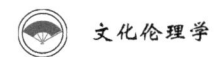

### （三）国家的完善准则列举

无论国家的产生方式是什么，它都拥有公共权力，对于个人和其他社会组织的自由以及获取自由的方式具有决定作用，因此什么样的国家才是完善的、才是合乎伦理的，是每个时代的伦理思想必须面对的重大问题。国家由经济基础和上层建筑构成，国家的完善准则一是规定国家构成要素即经济基础和上层建筑各要素的完善标准，如国家如何形成才是正当的，国家与个人的关系应该如何才是正当的。二是设定"理想国"模式，即国家作为一个整体，应该具有什么样的存在状况才是理想的或完善的。

表3　　　　　　　　　　　　　　国家的完善准则

| 思想家、思想流派 \ 完善准则 | 国家的完善准则 |
| --- | --- |
| 柏拉图 | 1. 理想国：按照个人素质不同，对公民职责进行分工<br>2. 哲学王统治国家<br>3. 以全体人民的幸福为目标 |
| 快乐主义 | 社会契约：个人与社会的关系是相互约定的关系，个人并不先天弱于社会，也不必事事服从社会；个人出于自愿，与社会结成关系 |
| 斯多亚学派 | 1. 无为之治，符合常理，人们互惠，真诚，公正，尊重共同体的价值<br>2. 形成人类共同体 |
| 霍布斯 | 1. 人们之间共同协定，将权利交付给一个由一个人或多个人形成的集体，个人意志服从这个集体的意志，这个集体叫作国家，承担公共职责，拥有公共权力<br>2. 个人必须服从国家<br>3. 国家不能命令个人自杀或自伤，每个人都可以保护自己的生命，这是最高原则 |
| 洛克 | 1. 为了避免战争，人们订立契约，建立国家，借以调解冲突<br>2. 人们订立契约后并不是将权利转让给国家，而只是转让裁判权<br>第一，个人利益服从集体利益，只是个人利益裁判权服从集体裁判权，但是集体必须在保护好个人正当利益前提下推进集体利益。不是个人利益转让给集体或可以为集体而损害个人利益<br>第二，对于联合利益而言，个人连利益裁判权都没有转让，而是始终保持个人裁判权<br>3. 关于政府和国家完善状态：如果政府和君主不能保护人的自然权利，那么它就不是合法的 |
| 卢梭 | 1. 全体人民的意志和公共利益就是最高目标，人民的意志就是衡量其他一切意志的标准；其次是团体意志，最次是个别意志<br>2. 个人意志要服从人民的意志和公共利益。因为公共利益永远是公正的，而且永远以公共利益为依归 |

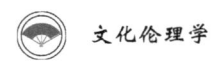

续表

| 思想家、思想流派 \ 完善准则 | 国家的完善准则 |
|---|---|
| 康德 | 1. 立法者制定法律时务必使之反映全体人民的意志<br>2. 法律的正当性需要被证明<br>3. 法律唯一的有力的正当性依据不是功利而是公正<br>4. 法律必须促进而不是阻碍人的自由 |
| 儒家 | 1. 孔子：为政要敬。制度政令要信；人君用度要节俭；爱利民众，发展生产；为政以德，最高当权者需要做到：一是一心为公，不准有私心；不准有偏好、偏恶，不准结朋党；二是爱护自己的民众，使其享受全面的幸福。为政以德<br>2. 孟子：治民之产，初始阶段；谨庠序之教，仁政大成阶段；物质富足，精神完善<br>3. 荀子：隆礼重法<br>4. 管子：运用礼义廉耻实行四维礼制 |
| 道家 | 无为，不乱为，因循天道；小国寡民，无为之治 |
| 法家 | 1. 立法必须体现国家意志，明白易知，人人能晓，人人能行<br>2. 立法以公为先，不能以私害法，不能以德害法<br>3. 立法必重，使人不敢以身试法<br>4. 执法之吏有教民知法的责任<br>5. 执法有信：不失疏远，不舍亲近<br>6. 法治国家。韩非子：不务德而务法。威势之可以禁暴，而德厚之不足以止乱 |

说明：表3中列举的中国思想家以及思想流派的观点引自"焦国成：《中国伦理学通论》，山西教育出版社1997年版"。表格中列举的西方思想家以及思想流派的观点引自"宋希仁主编：《西方伦理思想史》（第2版），中国人民大学出版社2010年版"。

## （四）社会的完善准则列举

社会完善准则是伦理思想为人类描绘的理想社会模式，社会完善准则不是规定构成社会各要素的完善状况，而是以各种要素构成的社会整体的理想模式和完善状况。

表4　　　　　　　　　　　　　社会的完善准则

| 思想家、思想流派 \ 完善准则 | 社会的完善准则 |
| --- | --- |
| 快乐主义（古希腊） | 个人出于自愿，与社会结成关系。个人与社会的关系是相互约定的关系，个人并不先天弱于社会，也不必事事服从社会 |
| 洛克 | 社会契约论：为了避免战争，人们订立契约，建立国家，借以调解冲突。个人利益服从集体利益，只是个人利益裁判权服从集体裁判权，但是集体必须在保护好个人正当利益前提下推进集体利益。不是个人利益转让给集体或可以为集体而损害个人利益 |
| 斯密 | 正义引导行动：正义犹如支撑整个大厦的主要支柱，如果这根柱子松动的话，那么人类社会这个雄伟而巨大的建筑必然会在顷刻之间土崩瓦解 正义的社会：与其说仁慈是社会存在的基础，还不如说正义是这种基础，虽然没有仁慈之心，社会也可以存在于一种不很令人愉快的状态之中，但是不义行为的盛行却肯定会彻底毁掉它 |
| 卢梭 | 1. 社会秩序应该建立在自由的基础之上，自由是人维护自身生存的首要法则，人的本性是自由的，只是为了自己的利益才转让自由 2. 个人的自由和权利是道德的基础和前提。合理的公正的社会必须保证个人的自由和权利 |
| 边沁 | 1. 维护公民自由或社会自由包括思想和感想的自由、趣味和志趣的自由 2. 法律的任务就是实现国民的生存、平等、富裕和安全 3. 社会用于个人的权力是有限度的 4. 好的社会是一个能够为最大多数人带来最大幸福的社会 |
| 密尔 | 1. 社会必须对一切应受到社会同等好待遇的人给予同等的待遇，这个是社会分配公道结果的最高最抽象评判标准 2. 一个完善的社会，应该是一个平等的社会 |
| 康德 | 1. 立法者制定法律时务必使之反映全体人民的意志 2. 法律的正当性需要被证明 3. 法律唯一的有力的正当性依据不是功利而是公正 4. 法律必须促进而不是阻碍人的自由 |
| 美国核心价值观 | 1. 联合与合作 2. 每个人都有权利和自由选择自己的生活，个人的尊严和价值应受到尊重 3. 平等和自由 4. 重视物质财富 |
| 儒家 | 1. 仁者爱人；为政以德 2. 天下大同：大道之行也，天下为公。选贤与能，讲信修睦，故人不独亲其亲，不独子其子，使老有所终，壮有所用，幼有所长，鳏寡孤独废疾者皆有所养，男有分，女有归。货恶其弃于地也，不必藏于己；力恶其不出于身也，不必为己。是故谋闭而不兴，盗窃乱贼而不作，故外户而不闭，是谓大同 |
| 董仲舒 | 三纲五常；天不变道亦不变，社会按照道而存在和运行 |
| 道家 | 清静无为；自然而然的社会 |

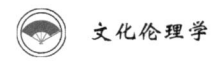

续表

| 思想家、思想流派 完善准则 | 社会的完善准则 |
| --- | --- |
| 法家 | 法治社会，不务德而务法<br>1. 立法必须体现国家意志，明白易知，人人能晓，人人能行<br>2. 立法以公为先，不能以私害法，不能以德害法<br>3. 立法必重，使人不敢以身试法<br>4. 执法之吏有教民知法的责任<br>5. 执法有信：不失疏远，不舍亲近 |

说明：表4中列举的中国思想家以及思想流派的观点引自"焦国成：《中国伦理学通论》，山西教育出版社1997年版"。表格中列举的西方思想家以及思想流派的观点引自"宋希仁主编：《西方伦理思想史》（第2版），中国人民大学出版社2010年版"。

### （五）人伦关系的完善准则

人伦关系是指人与人之间存在的各种关系，如父子关系、夫妇关系、兄弟关系、朋友关系、其他各种亲属关系以及各种非亲属关系等。伦理思想发端于人伦关系，从规定人伦关系的理想状况出发，规定人的行为的正当性。

表5　　　　　　　　　　　人伦关系的完善准则

| 思想家、思想流派 完善准则 | 人伦关系的完善准则 |
| --- | --- |
| 儒家思想 | 1. 夫妇之伦：夫妇有爱。互相敬爱，和谐，男尊女卑，女从男主<br>2. 父子之伦：父子有亲，父慈惠以教，子孝以肃<br>更多强调子孝：敬养父母，礼待父母，和待父母，委婉劝谏父母过失，善保己身，行正道；承父母之志<br>孟子：父子有亲。不责，不以廉害亲，养志；不失己身，体察父母心意<br>3. 君臣之伦：君臣有义<br>孔子：君使臣有礼，尚贤使能，宽待下民，公平无偏<br>臣：以道事君，以忠敬事君，在不欺君前提下，进谏；以惠养民，以义使民<br>孟子：君臣有义。对于残暴君主，要奋起讨伐<br>4. 长幼之伦：长幼有序，也就是兄爱弟悌之道的推广<br>5. 朋友之伦：朋友有信。朋友相处，保持忠信；相互责善（相互提高），患难相扶，物质上互相帮助 |

续表

| 思想家、思想流派 完善准则 | 人伦关系的完善准则 |
|---|---|
| 中国特色社会主义思想 | 1. 人与自然的关系的完善准则：促进人与自然和谐共生；尊重自然、顺应自然、保护自然<br>2. 人与人关系的完善准则：文明；和谐；平等；友善 |

说明：表5中列举的中国思想家以及思想流派的观点引自"焦国成：《中国伦理学通论》，山西教育出版社1997年版"。表格中列举的西方思想家以及思想流派的观点引自"宋希仁主编：《西方伦理思想史》（第2版），中国人民大学出版社2010年版"。

# 附录一

## 目的与至善[①]

人的每种技艺与研究、实践与选择，都是以某种善为目的。善是这些活动所追求的目的的实质，深层的解释是：活动是人存在的方式，人唯有在他的实现活动中才能展现其存在。既然技艺与研究、实践与选择有多种，目的也就有多种，按照亚里士多德的看法，各种目的并不是并立而互不依赖的。如果一项活动中包含着不同种类的活动并且这些活动有各自具体的目的，那么这项活动本身的目的就是主导性的，就比其他具体的目的更优越，因为它具有更大的蕴涵。因此，有些事物是因其自身之故，有些事物是因另一个事物之故而被追求，有些事物被追求是同时因为两者。在所有被人们追求的事物中，有些事物通常被作为手段而极少作为目的，有些事物通常被作为目的而极少作为手段，另一些事物

---

[①] 参见宋希仁主编《西方伦理思想史》（第2版），中国人民大学出版社2010年版，第57—60页。

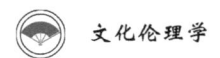

则时而被作为目的时而被作为手段来追求。

如果在人的目的系列中存在着因自身的原因而被当作目的,如果有一种这样的目的,人们追求它不再为着获得别的任何目的,并且他们所做的一切都是为着它,就一定存在着某种最高的善,这种最高的善或目的就是人的好的生活或幸福。人的目的,即人的可实践的最高善,就是幸福,幸福在于生活得好和做得好,因为幸福一定是在于现实的活动。普通人对于什么是幸福发生意见分歧,原因在于他们从过闲暇生活的方式来判断什么是幸福,有这样三种生活:享乐的、政治的和沉思的。享乐的生活只追求肉体的快乐,是动物式的。政治的生活追求荣誉与德性,但依然很肤浅。只有沉思的生活是最高等的现实活动,因为它是理性的最高部分——理论理性的活动。它比其他任何活动都更持久,伴随着惊人的快乐,因为依赖的外部东西最少,因而是最自足的。幸福不是一时一事的合乎德性,而是在一生中都努力合乎德性地活动着。

# 附录二

## 礼运·大同篇[①]

昔者仲尼与于蜡宾,事毕,出游于观之上,喟然而叹。仲尼之叹,盖叹鲁也。言偃在侧,曰:"君子何叹?"孔子曰:"大道之行也,与三代之英,丘未之逮也,而有志焉。大道之行也,天下为公。选贤与能,讲信修睦,故人不独亲其亲,不独子其子,使老有所终,壮有所用,幼有所长,鳏寡孤独废疾者皆有所养,男有分,女有归。货恶其弃于地也,不必藏于己;力恶其不出于身也,不必为己。是故谋闭而不兴,盗窃乱

---

[①] (汉)戴圣纂辑:《礼记》,王学典编译,蓝天出版社2008年版,第103—104页。

## 第三章 伦理的完善原则

贼而不作，故外户而不闭，是谓大同。今大道既隐，天下为家。各亲其亲，各子其子，货力为己，大人世及以为礼。城郭沟池以为固，礼义以为纪。以正君臣，以笃父子，以睦兄弟，以和夫妇，以设制度，以立田里，以贤勇知，以功为己。故谋用是作，而兵由此起。禹、汤、文、武、成王、周公，由此其选也。此六君子者，未有不谨于礼者也。以著其义，以考其信，著有过，刑仁讲让，示民有常。如有不由此者，在势者去，众以为殃，是谓小康。"

### 译文

以前孔子曾参加蜡祭陪祭者的行列，仪式结束后，出游到阙上，长声叹气。孔子叹气，大概是叹鲁国吧！子游在旁边问："您为什么叹气呢？"孔子说："大道实行的时代和夏商周三代英明杰出的君主当政的时代，我虽然没有赶上，可是我心里向往（那样的时代）！""大道实行的时代，天下是人们所共有的。大家推选有道德有才能的人来治理国家，彼此之间讲诚信，和睦相处。所以人们不仅仅只敬奉自己的亲人，也不仅仅只慈爱自己的子女，使老年人都能安度晚年，壮年人都有工作可做，幼年人都能健康成长，矜寡孤独和残废有病的人，都能得到照顾。男子都有职业，女子都适时而嫁。对于财物，人们只是不愿让它遗弃在地上，倒不一定非藏到自己家里不可；对于气力，人们生怕不是出在自己身上，倒不一定是为了自己。所以钩心斗角的事没有市场，明抢暗偷作乱害人的现象绝迹。所以，门户只需从外面带上而不须上锁。这就叫大同。""现在的大同社会的准则已经消失不见了，天下成为一家所有，人们各自亲其双亲，各自爱其子女，财物和劳力，都为私人拥有。诸侯天子们的权力变成了世袭的，并成为名正言顺的礼制，修建城郭沟池作为坚固的防守。把礼义作为根本大法，用来规范君臣关系，用来使父子关系亲密，用来使兄弟和睦，用来使夫妇和谐，用来设立制度，用来确立田地和住宅，把勇敢和有智慧的人作为贤者来看待，把功劳写到自己的账本上。

· 87 ·

因此，钩心斗角的事就随之而生吧，兵戎相见的事也因此而起。夏禹、商汤、周文王、武王、成王、周公，就是在这种情况下产生的佼佼者。这六位君子，没有一个不是把礼当作法宝，用礼来表彰正义，考察诚信，指明过错，效法仁爱，讲究礼让，向百姓展示一切都是有规可循。如有不按礼办事的，当官的要被撤职，民众都把他看作祸害。这就是小康。"

# 第四章

# 伦理的正义原则

人类社会的伦理原则只有两个，一个是完善原则，另一个是正义原则。完善原则是伦理首要原则即第一原则，正义原则是伦理次级原则即第二原则。正义原则以完善原则为前提，完善原则是正义原则的目标，正义原则是完善原则的实现方式。伦理的完善原则形成后，伦理的正义原则成为所有伦理学理论最重要的问题，正义是人类文明的柱石。

## 一 自由的正义定律

自由定律之六：自由正义定律。

自由正义定律是在自由目的定律以及自由关系定律的基础上产生的对于人的行为的必然要求。

自由正义定律是指：人的一切活动，必定与自由相关，要么是增加自由，要么是实现或享有自由，要么是为增加和享有自由而创造所需条件；行动主体的活动必然与他人或自然界发生价值关系，因此，每个人都必定会对那些与利益相关的行为提出"应该如何"的要求，以"正当性"评价各种行为，必然产生关于自由的正义原则。

正义原则只有一个规范对象即人的行为。无论是个体的行为，还是体现社会组织或集体意志的行为，最终都要通过人的行动得以完成。正

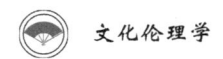

义原则只是对所有行为提出"应该如何才是正当的"要求,从而引导行为结果尽可能符合伦理完善原则,达到"至善"。

## 二 什么是正义原则

正义与完善构成所有伦理学理论的核心问题。完善是社会主体为行为设定的预期目标,如果没有完善原则作为前提,所有的正义问题如公正、民主、平等、法治等都难以获得规定,现实生活和思想理论领域之所以存在诸多关于公正问题的争论和分歧,根本原因在于完善原则出了问题,要么是因为离开完善原则谈论正义,正义成了可以随意制定的、自以为是的正当标准;要么是因为对于完善原则的内容与形式存在不同理解而演绎出大相径庭的正义原则。伦理学以完善原则作为行动目标,以正义原则作为实现完善原则的手段或条件。

什么是正义?伦理的正义,是行为的正当属性,是指行为主体在各种价值关系中获取利益行为的正当性以及享有自由的方式的正当性;那些被认为是正当的行为称为正义的行为,那些被认为是不正当的行为称为不正义的行为。正义是所有行为正当性的共同本质,是用来评判行为正当性的标准。判断正义与否的标准是什么?这个标准就是伦理的完善标准,如果行为结果符合伦理的完善标准,则被认为是正义的行为;如果行为结果不符合伦理的完善标准,则被认为是不正义的行为。

什么是正义原则?伦理的正义原则是指行为主体在各种价值关系中获取利益的行为以及享有自由的方式应该符合正当性标准这一原则要求,即所有主体在价值关系中的行为目标和行为结果应该符合伦理的完善标准。正义原则不同于正义,正义是行为结果体现的正当与否的属性,正义原则是对所有行为的共同要求。正义原则不仅是指用来判断什么才称得上是正当的行为所依据的具体标准,而且赋予那些被认为是正当的行为的伦理属性即正义属性。此处的行为主体是那些存在于各种价值关系中的利益主体，分为社会主体和自然主体两类。社会主体包括个人或个体、各种社会组织、国家以及社会总体；自然主体是指进入人与自然之间价值关系的自然界。

正义原则是伦理完善原则之后而产生的伦理原则，因此是次级伦理原则。伦理的正义原则由伦理的完善原则演绎而来，正义原则只能以行为结果为基础，也就是说，在正义原则之下，那些评判行为正当性的所有具体标准，都是以行为结果作为评价依据。在伦理思想史上长期存在道德评价标准的"动机论"与"效果论"两种观点的争论，这种争论本来是不该存在的，这种争论是由于没有正确理解伦理与道德的差异、没有区分伦理的完善原则与正义原则所导致。评价行为是否正义，只能以行为结果为依据，因为正义原则只是相对于完善原则而存在，如果依据行为结果是否符合某种完善标准，才能判断行为是否正义，则评价价值关系中行为是否正当的依据只能是行为结果，即"效果论"。道德与伦理不同，道德只是伦理领域的部分要素即主体要素，伦理所要规范的对象不仅有社会主体以及自然主体，还有各种社会存在，道德是指社会主体的一个类型即个人在价值关系中所体现出来的精神品质状况。评价个体的道德状况，可以参照行为结果即效果，但是基本依据是行为动机，因为道德评价的对象就是个体的精神品质，价值关系中的个体行为的动机才是构成个体精神品质即道德品质的核心要素，因此，道德评价的标准只能是"动机论"。

## 三　正义原则的产生

### （一）正义原则的客观基础

自由是正义原则赖以产生的第一个客观依据。正义原则的产生具有必然性，必然性存在于每个人追求自由的客观事实之中，如果没有个体对于自由的追求，就不会有生命的存续。如果个人联合体、集体、国家以及社会总体的存在失去了实践基础，各种主体之间的价值关系也将不复存在。自由定律必然产生人类生活中的正义问题。个人、团体或组织机构在追求自由的过程中，必然与其他个人、团体、组织机构以及自然界发生各种关系，这些关系被称为价值关系。在价值关系中，个人、团体、组织机构应该如何行动才是正当的？这个问题的解决关系到个人、团体、组织机构的利益，关系到自由的生产和分配，只要人类社会存在，这个问题就必然存在。"个人、团体、组织机构等行为主体应该如何行动才是正当的"这个问题，被称为伦理学理论的正义问题。

价值关系是正义原则赖以产生的第二个客观依据。个人以及其他社会主体为了追求自由的理想状态或完善状态而行动，自由的实现或增加需要各种条件，这些条件被称为物质财富、精神财富以及关系财富即俗称的人脉资源。个人、个人联合体以及集体等主体在获取价值过程中发生价值关系，每个主体都有自己的价值需求，其他主体的行为结果是否能够满足自己的价值需求，是每个主体在价值关系中都必定会面临的问题。人与自然界发生关系时，自然界因为内在的客观物质性和自然必然性而不会自动符合主体的价值需求。因此，社会主体在价值关系中始终面临的一个难题是主体之间的利益冲突。为了解决主体间利益冲突问题从而维持某种价值关系的存在，满足各自的价值需求，需要设计出各种准则，用来规范主体的行为方式，引导行为结果符合完善原则。各种准则被称为正当性标准，符合正当性标准的行为被认为是正义的行为，正义是所有正当性标准的共同本质，正义原则在价值关系中产生，以行为正当性标准为基础，为了行为结果的完善性而存在，是行为应该遵循的原则。任何一个人，只要他的行为与其他主体之间不构成价值关系，他就不需要考虑正当与否的问题，正义原则只存在于主体间价值关系的基础之上。

因此，只要个体生存需要持续，只要个人和社会不断被再生产，人类就会为了实现和增加自由而持续展开获取价值的行动，从而产生各种价值关系。价值关系中的价值行为所依据的正当性标准多种多样，他们的共同本质被称为正义，主体按照正义标准要求自己的行为被称为遵循伦理的正义原则。

**（二）正义原则的主观依据**

正义原则的产生不仅具有客观依据，而且还具有主观依据，或主观原因。

正义原则依据行为正当属性而形成。追求自由是人类永远不可能放弃的生存目标。个人、个人联合体、机构、国家等主体在实现或增加各自所需的自由的过程中，都有自己的利益需要维护。对于某个主体而言，他人或各种社会组织、国家等社会主体的行为，是符合他的利益，还是损害他的利益，这是每个主体在价值关系中必定会遇到的问题。为了解决利益关系可能存在的冲突，主体出于利益立场对相关主体行为提出正当性要求，这些正当性要求在得到认可而公共化，成为某个生活领域的行为正当性准则的时候，就成为正义原则的依据。

正义原则是思想的果实。个体天然地从自己对于自由的需要和期望出发对于各种社会存在和自然存在提出完善要求。在此之外，有一类人，他们被称为思想者或思想家，他们不是从自己个人利益出发思考正义问题，而是创设伦理思想，为各种社会主体的行为创设正当性准则，试图在主体行为与社会存在的完善状况或理想状况之间创建联系，用正当性标准为主体行为设置参照，将主体行为导向社会主体，各种社会要素如物质条件、社会关系、人与自然的关系以及社会总体状况的完善模式或理想模式。

在正义原则的形成过程中，权力具有巨大作用。政治权力、经济权力、文化权力即文化生产与传播权力的拥有者，出于各种利益需求或社会历史责任感，对于社会主体的行为提出正当性要求，通过教育、宣传、赞扬或惩戒等方式，将这些正当性标准逐渐转化为公众认知和认同的行为准则，这些行为的正当性准则构成一个社会在一定历史时期公众认同和遵循的正义原则的具体内容，通过这些准则就能理解一个社会正义原则的具体要求。

正义原则能否作为伦理原则发挥作用，取决于关于正义原则的社会共识的形成。每一个人对于他人、个人联合体、集体组织、国家以及社会总体的行为有着"应该如何"的期待，只是每个人提出的"行为应该如何才是正当的"标准并不会必然成为公共标准即公共生活中的行为准则。利益博弈的均衡、契约达成、情感认同、教育训练、法律强制、制度规定等因素共同作用，形成"行为应该如何才是正当的"公共准则即伦理的正义准则。只要个人、团体、组织机构等行为主体在某一种价值关系之中，或自愿加入某种价值关系，就意味着个人、团体、组织机构等行为主体接受和遵循相关的正义准则的约束。价值关系的改变、思想观念的变化、利益主体之间的力量平衡被打破、法律和制度变革等因素，都会导致正义准则的改变，不存在永恒的、绝对的正义准则，所有正义准则都是某种利益关系的产物。

个人出于自身利益考虑提出行为正当性标准，思想者出于社会责任感创设正当性标准，权力拥有者出于利益或社会责任感提出或传播正当性标准，但是社会生活中和思想史的演进过程中出现过如此之多关于正义原则的内容设计，这些准则需要转化为公众的认知和认同，公众愿意接受并在实践活动中遵循这些准则，才成为公平正义原则的内容，伦理的正义原则因此具有了公共性。

个人与他人之间、个人与各种社会组织之间、各种社会组织之间的利益冲突，有时会达到极其惨烈的程度。各种利益主体会为了一己私利而羞辱他人、伤害他人，甚至毁灭其他社会主体，往往产生极为糟糕的结果，社会公众尤其是那些在各种价值关系中处于弱势地位的人或群体，其悲惨的生活会让那些有良知的人无法压抑悲伤和同情。正是为了避免各种悲剧的发生，为了人类文明向理想模式或完善状况前行，正义原则才成为各种社会主体所有行为应该遵循的行为原则。

## 四　正义原则的结构

### （一）完善是正义的依据

完善原则规定行为目标的理想模式，任何目标都需要以特定行动作为实现条件，没有行动，目标就将永远停留在预期或空想阶段。为了实现某种目标，可以采取很多种行为，在这些行为中，哪一种才是正当的？正义原则就是用来回答这个问题的。正义原则不是解决实现目标的方法如何设计的问题，而是用来规定实现目标的行为方式是否正当的问题，为各种行为确定正当标准，即正义。因此，正义原则用来规定通向理想目标的那些行为应该遵循的正当标准。完善原则与正义原则的关系是实践活动的理想目标与实践活动的正当方式的关系。

完善原则是正义原则的前提。正义原则以完善原则作为理论解释和实践方向的参照，没有完善原则，任何正义原则都是不可解释的；如果没有以完善原则作为前提，即如果没有以某种行为目标的理想模式作为前提，任何行为的正当性都无法确定，无法得到理论说明，也无法得到实践证明。完善原则和正义原则共同构成人类所有行为的最高原则，其特点是高度抽象性与广泛的普遍性，人类历史上所有时间和空间内的所有个人、所有个人联合体、所有集体、所有主体间关系，在实现自由或再生产自由、增加自由的过程中，都必然以完善原则为行为设置目标，以正义原则约束行为方式，调节行为关系。

### （二）正义原则的构成

完善原则由目的完善原则与条件完善原则构成。目的完善原则是指伦理为一切活动设定"行动目的应该如何才是更好"的标准；条件完善原则是指伦理为那些实现自由、增加自由所需要的条件应该如何才是完善的或更好的状况设置的标准。条件完善原则包括四个方面的内容：一是设定人自身应该如何的完善状况或理想标准，即人的生理状况、思想意识即精神结构等要素应该如何才是完善的标准；二是设定自然存在物应该如何的完善状况或理想标准；三是设定社会应该如何的完善状况或理想标准，包括生产力、价值关系、家庭、社会组织、公共权力机构、国家以及社会总体的完善状况和理想标准；四是设定人与自然、人与人、人与物之间价值关系的完善状况和理想标准。

完善是正义的依据，完善原则是正义原则的前提，正义原则是依据完善原则对行为正当性提出的要求，完善原则的结构决定了正义原则的结构，因此，正义原则分为目标正义原则和结果正义原则。

一是目标正义原则。目标正义原则依据目的完善原则而产生，是指个人或社会组织的行为目标，应该符合目的完善原则，即行为主体的行动目标应该符合伦理完善原则设定的"行动目的应该如何才是更好"的标准。行动目标符合完善原则的行为被认为是正义的行为；行动目标违背完善原则或不符合完善原则的行为被认为是不正义的行为。

二是结果正义原则。结果正义原则依据条件正义原则而产生。条件正义原则是个人或社会组织的行为结果应该符合条件完善原则，即个人或社会组织的行为结果符合完善原则所设定的实现自由、增加自由所需要的条件应该如何才是完善的标准。

结果正义原则包括四个方面的内容。一是指行为结果符合人自身的完善标准，那些行为结果能够推动人的生理状况、思想意识即精神结构等要素不断完善的行为属于正义的行为；那些行为结果危害人的生理状况、思想意识即精神结构等要素的行为属于不正义的行为；二是指行为结果符合自然存在的完善标准，那些行为结果能够改善自然界存在状况的行为属于正义的行为；那些行为结果破坏自然生态、损害自然界存在状况的行为属于不正义的行为；三是指行为结果符合社会要素的完善标准，那些行为结果能够不断推进生产力、家庭、社会组织、公共权力机构、国家以及社会总体完善的行为属于正义的行为；那些行为结果阻碍生产力发展，或者损害各种社会要素的完善、降低国家以及社会文明水平的行为属于不正义的行为；四是指行为结果符合价值关系的完善标准，那些行为结果符合人与自然、人与人、人与物之间价值关系的完善标准的行为属于正义的行为，那些行为结果违背价值关系的完善原则的行为属于不正义的行为，损害人与自然、人与人、人与物之间应有的良好价值关系的行为也属于不正义的行为。

## 五　正义是完善的保障

人类发明伦理是为了将一切追求自由的行动置于正义的边界之内，最终目的是实现某种预期目标，这些预期目标的实现意味着生命活动过程的更加完善。伦理不是自由规律，而是为自由规律制定的规则。伦理为自由设置路标和方向，通过设定各种原则和准则将人类自由自觉的实践活动导向文明的进步，而不是让那些自由自觉的活动陷入相互冲突甚至彼此毁灭。创设伦理是人类为摆脱不成熟状态而进行的努力，用来启蒙理性，将自由自在的主体发展为自由自觉的主体。

伦理的产生是为了解决自由规律所产生的利益关系问题。人的实践活动首先需要解决的问题是如何达到预期的理想目标，即更加完善的自由。由于每个人或其他社会主体都有自己的目标，因此在人与人、人与其他社会主体的价值关系中，行为需要得到规范，这些规范所依据的原则、准则和道理，就是伦理。

伦理解决自由规律所产生的利益关系问题的基本方式就是创设正义原则，正义原则在各种价值关系中对各种行为的规定产生正义准则。在伦理体系中，每个主体追求自由的行为，是伦理所要规范的对象；主体间利益关系或价值关系是伦理所要调整的对象。那些符合正义准则的行为才被认为是正当的行为，即合乎伦理的行为；那些符合正义准则的关系才被认为是正当的关系，即合乎伦理的关系；那些符合正义原则的行为所追求的自由的完善状态，才能够被认为是正当的完善状态，即合乎伦理的完善。

因此，伦理从完善原则以及相关准则开始，但是伦理的伟大社会意义和关键作用在于：它不是仅仅从自由规律出发指出人类应该获得什么样的自由，不是停留在为人类指出预期的完善状况和理想目标阶段，而是为那些实现完善状况或理想目标的行为设置正义原则或准则，从而为个人和社会存在的完善状况以及理想目标的实现提供规则保障。任何人和其他社会主体所追求的理想目标可能与伦理的完善原则相契合，也有可能不符合伦理完善原则或违背伦理完善原则。伦理的完善原则的作用就在于引导社会主体的行为方式，以伦理的完善原则作为主体行为的参照。

19世纪英国古典自由主义思想家约翰·斯图亚特·密尔认为正义原则是次级道德原则，从属于功利原则。密尔所说的功利原则，来源于功利主义，密尔认为一个完善的社会必须是遵循功利主义原则的社会，所以在密尔的伦理学理论中，功利代表一种社会的完善或理想状态，他用功利原则作为第一伦理原则的实质，将完善原则作为第一伦理原则。从自由规律而言，先有完善，后有正义；伦理的完善原则和正义原则，不仅是思维逻辑的先后关系，而且是目的与手段的关系，是理想目标与实现理想目标所需要的条件的关系。

## 六　正义准则的演进

人类在追求主体自身和行为结果的完善状况或理想目标的过程中，产生了伦理的完善原则，正是为了实现某种完善，才产生了相应的对于行为正当性的要求，形成伦理正义原则。伦理完善原则在不同生活领域以各种思想意识和行为作为规定对象，产生相应的伦理准则即伦理完善准则。与完善原则相对应的是伦理正义原则，与伦理完善准则相对应的是伦理正义准则。

### （一）正义准则的分类

正义原则在各种实践活动中的具体化运用，成为这些实践活动遵循的正义准则。依据实践活动领域进行划分，正义准则分为自然正义准则和社会正义准则。自然正义准则是指人类与自然界发生关系时其行为应该符合的正当标准和应该遵循的正当性规定；社会正义准则是指人类与自我、他人、家庭、个人联合体、各种集体组织、国家、社会总体发生各种关系时其行为应该符合的正当标准或应该遵循的正当性规定。

基于那些追求自由的行动，为获取自由、增加自由或实现自由而采取的各种行动，产生了各种价值关系，才产生了正当或不正当的伦理属性。

所有关系，人与自然的关系、人与人的关系、人与各种社会组织的关系的本质都是因果关系。当这些因果关系与人的自由相关时，被称为价值关系。所有价值关系都是由个体或其他社会主体的行为形式和行为结果构成的，价值关系是具体的而不是抽象的，不存在抽象、独立、离开社会主体某种行动的价值关系。所有关于人的行为的正义准则，就是关于人的行为产生的各种价值关系正当性的规定，正义准则所规定的对象，一定是某种价值关系中的相关行为，不在价值关系中的行为就不是伦理正义准则规定和引导的对象。所有正义准则是对于各种行为的正当性要求，但本质上都是对于价值关系的正当性要求，因为价值关系正是由行为形式和结果构成。

因此，正义准则规定的对象是两类，一类是各种价值关系，正义准则用来评判各种关系的正当或不正当，从而建立更为完善的关系或关系的理想模式；另一类是主体的各种行为即个体与社会组织的行为，正义准则用来评判各种行为的正当或不正当，从而引导行为方式以获得更为完善的结果。

依据主体行为构成要素，可以将正义准则划分为行为动机正义准则、行为形式正义准则以及行为结果正义准则。行为动机的正义准则是指规定个体或社会组织行为动机正当与否的准则，如启动各种行为的思想观念、欲望、愿望、理想等。行为形式的正义准则是指规定个体或社会组织行为形式正当与否的准则，如各种礼仪规定。儒家学说提出了"温、良、恭、俭、让"准则，要求待人接物时要温和、善良、恭敬、节俭、忍让，这是关于行为形式的正当准则。行为结果的正义准则是指规定个体或社会组织行为结果正当与否的准则，即规定各种行为结果对相关的人或社会组织有利或不利的结果是否正当的准则。

所有正义准则都与行为相关，所有行为都是指社会主体行为，因此，社会主体是实践行动的本体或本源。社会主体是指个体以及以整体名义行动的各种社会组织如家庭、个人联合体、集体、国家以及社会总体。以行为所属的社会主体为依据，可以将正义准则划分为相应的类型：个体行为的正义准则；家庭行为的正义准则；个人联合体行为的正义准则；集体组织的行为准则；国家行为的正义准则以及社会总体行为的正义准则等。人的所有行为与自由有关，要么是生产自由，要么是实现自由，但是生产和实现自由的前提是获取自由所需要的各种条件，这些条件被称为价值或利益。利益分为物质利益和精神利益，生产自由或实现自由所需要的物质条件为物质利益，生产自由或实现自由所需要的精神条件为精神利益，物质利益以各种物质资料为载体，精神利益以各种文化资料为载体。因此，所有的正义准则，要么是与物质利益有关，要么是与精神利益有关，要么是与二者同时相关。

## （二）个人行为的正义准则列举

正义原则在各种价值关系、各类主体以及行为的各环节中的具体应用，被称为正义准则，正义准则是正义原则的具体化应用。先有完善准则，后有正义准则，所有正义准则或正当准则的设定，必然参照某种完善准则。亚当·斯密指出："对社会的存在来说，仁慈不像正义那么根本重要。没有仁

## 第四章 伦理的正义原则

慈,社会仍可存在,虽然不是存在于最舒服的状态;但是,普遍失去正义,肯定会彻底摧毁社会。"① 正义是"撑起整座社会建筑的主要栋梁。如果它被移走……想要在这世界里建造与维持的结构,一定会在顷刻间土崩瓦解、化成灰烬"②。亚当·斯密认为正义是社会的基础,因为人类社会整个雄伟的建筑需要正义之柱的支撑,这恰好说明完善准则与正义准则的关系:完善准则所确立的理想目标,必须有正义支持才能够得以实现,只有出于对人类社会雄伟而巨大的建筑的完善状态的追求和维系,只有出于对人类社会雄伟而巨大的建筑会在顷刻之间土崩瓦解的担忧,才需要正义作为社会的基础,以支撑社会大厦,实现人们对于理想社会的各种期待。

主体分为个人主体即个体以及各种社会组织主体,与此相对应,正义准则分为两类,一类是关于个人行为的正义准则,另一类是关于社会组织主体的行为正义准则。伦理思想史不仅是一部人生方式和社会文明的理想目标的思想史,而且是一部探索个体行为与集体行为的正义准则的思想史。

表6　　　　　　　　　　　个体行为的正义准则

| 正义准则<br>思想家、<br>思想流派 | 个体行为的正义准则 |
| --- | --- |
| 亚里士多德 | 1. 友爱<br>2. 正义<br>3. 维护集体共同利益和个人具体利益 |
| 斯多亚学派 | 人应负责任的行为,有责任的行为是理性指导人去做应该做的事情 |
| 斯宾诺莎 | 1. 不要自杀,凡是自杀的人都是心灵脆弱的人,都是被违反他们本性的外因所征服的人<br>2. 保持个人利益就必须为公共福利而努力,实现他人利益,为利己而利他,只有利他才能实现利己,理性命令因此将个人利益与他人利益、公共利益统一起来 |

---

① [英]亚当·斯密:《道德情操论》,谢宗林译,中央编译出版社2008年版,第103页。
② [英]亚当·斯密:《道德情操论》,谢宗林译,中央编译出版社2008年版,第104页。

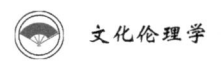

续表

| 思想家、思想流派 \ 正义准则 | 个体行为的正义准则 |
| --- | --- |
| 培根 | 1. 积极投身于社会生活，在追求公共利益中实现个人道德完善，发展个人<br>2. 个人对职业、对国家和社会负有职责 |
| 霍布斯 | 1. 第一自然法是一条根本的律令：一是寻求和平，二是利用一切可能的办法来保护自己<br>2. 自愿放弃自己对一切事物的权利以满足自由权方面与他人相当的自由权利。为了和平和自卫，但是放弃权利各方必须对等<br>3. 所定契约必须履行，权利的相互转让就是契约<br>4. 正义就在于遵守有效的信约<br>5. 接受他人单纯出于恩惠施与的利益时，应努力使施惠者没有合理的原因对自己的善意感到后悔，负恩等于负约<br>6. 每个人都应该使自己适合他人<br>7. 宽恕悔过者的罪行，允许求和<br>8. 勿报复或以德报怨<br>9. 不得以行为、言语、表情、姿态表示仇恨、侮辱和蔑视他人<br>10. 人生而平等<br>11. 任何人将放弃同等的自然权利<br>12. 凡斡旋和平的人应当被给予安全通行的保证<br>13. 社会理想状态是和平，如果个人欲望是善恶尺度，则社会在自然状态下即呈现出战争状态<br>人们需要超越个人善恶尺度，达到和平，就要形成超越个人善恶标准的达到和平状态的公共标准<br>14. 无论什么手段只要促进和保持和平就是善的，正义、感恩、谦谨、公道、仁慈，是善，能做到这些的人就是有美德的人 |
| 斯密 | 1. 经济人，人有利己之心<br>2. 道德人，人有同情之心。人是二者统一，且没有利己和自私，就不存在道德性，善以恶的存在为条件，无恶则无善<br>3. 人利己和利他的行为都是正当的，为利他而利己 |
| 卢梭 | 1. 个人的自由和权利是道德的基础和前提<br>2. 利益关系中遵守相互的权利与义务，从而实现正义与和平<br>3. 合理的合乎人性的生存方式只能是权利与义务相统一的生存方式 |
| 爱尔维修 | 1. 公共利益是一切美德的原则，也是一切法律的基础<br>2. 道德的人乃是使这种或那种行为合乎人道、符合公共利益的人<br>3. 不存在纯粹的爱他人。只存在与自爱相连的爱他人，或只存在与自爱之必然结果的爱他人<br>4. 每个人可以正确理解的个人利益：<br>（1）为了公共利益，克服和约束个人利益<br>（2）个人利益和公共利益相结合<br>5. 公共利益是一切美德的原则，也是一切法律的基础 |

续表

| 思想家、思想流派 \ 正义准则 | 个体行为的正义准则 |
|---|---|
| 边沁 | 1. 功利原则指的是：当我们对任何行为表示赞成或不赞成的时候，我们要看该行为是增多还是减少当事者的幸福；换句话说，就是以该行为增进或者违反当事者的幸福为准。不仅指个人行为，也指政府的每一种设施<br>2. 功利主义要求人在自己的幸福与他人的幸福之间做到严格的公平，像一个仁厚的旁观者那样<br>3. 个人的自由必须约制在这样一个界限上，就是必须不使自己成为他人的妨碍 |
| 康德 | 1. 一个人的意志得以同他人的意志依自由的普遍法则相统一的综合状态，谓之公正。任何行为本身或者它所遵循的准则如果能使行为者的意愿自由同一切人的意志自由在普遍法则的前提下和谐共存，那么，这一行为就是公正的<br>2. 公正的普遍法则是：对外行为务必确保个人的意志自由同一切人的自由在普遍法则的指引下得以和谐共存<br>3. 如果完全贯彻了这一法则，那么大量的个人意志就能在人们的自由行动中实现完美的和谐，因此它是在集体选择的情况下，所有理性存在物都会同意并签署的"社会契约" |
| 达尔文 | 1. 自觉服从自身的社会本能，而拒绝自然本能的诱惑<br>2. 起作用的根本因素：人类的真正利益和幸福。达尔文认为这是行为动力<br>3. 行为正当性标准：一般利益，社群诸成员的共同利益或群体利益<br>4. 高级道德准则和低级社会准则 |
| 赫胥黎 | 1. 自我约束代替自行其是<br>2. 每个人不仅要尊重而且要帮助他的伙伴，以此来代替践踏竞争对手<br>3. 个人的影响不仅在于使适者生存，而且在于使更多的人适于生存<br>4. 要否定格斗的生存理论<br>5. 每个享受社会利益的人都不要忘记它的创立者所给予的恩惠<br>6. 注意自己的行为不致削弱自己生活于其中的组织 |
| 斯宾塞 | 1. 人是生物，没有生命则一切皆无，所以行为的意义和行为的善，首要和根本的就在于维持个人的生命。也就是在于利己<br>2. 人首先要生存，实现自我保存，此后才有可能有利于他人的生活，才能为同类的快乐和幸福作出贡献<br>3. 功利主义所谓最大多数人最大幸福原则，忽视了人的自然本性的必然性以及自利的合理性，还有就是自利与利他的和解性<br>4. 斯宾塞反对宗教宣扬的自我牺牲。这是绝对利他主义，绝对利他主义对自己和他人都不利，最终会使得所有社会组织解体 |
| 伦理个人主义（美国） | 1. 正确理解的利益，合理利己主义代替个人主义，这是关于行为正当的标准<br>2. 爱默生：超验主义的个人主义，将个人主义上升到哲学和形而上学层次，这是关于人的完善<br>（1）适合自己便是有益，奴役心灵的便是有害<br>（2）强调个人的神圣性、特殊性，个人的无限潜能，个人的自足，个人自治 |

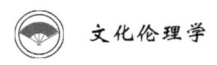

续表

| 思想家、思想流派 \ 正义准则 | 个体行为的正义准则 |
|---|---|
| 墨家 | 基本准则：兼相爱，交相利<br>1. 爱自己，爱别人，爱人若己<br>2. 义利相结合，利人，利天下 |
| 儒家 | 基本准则：以私从公<br>1. 孔子：君子求义不求利，君子喻于义，小人喻于利<br>2. 孟子：去利怀义<br>3. 荀子：以义制利 |
| 道家 | 不争；贵柔；知足 |

说明：表6中列举的中国思想家以及思想流派的观点引自"焦国成：《中国伦理学通论》，山西教育出版社1997年版"。表格中列举的西方思想家以及思想流派的观点引自"宋希仁主编：《西方伦理思想史》（第2版），中国人民大学出版社2010年版"。

## （三）集体行为的正义准则列举

此处的集体是指个体之外的各种社会组织，包括家庭、个人联合体、经济组织、政治组织、文化机构、政府机构、民间组织、国家等。集体组织越强大，其行为所产生的结果影响就越大，对于其他组织和个体生存与发展的影响具有根本决定作用。集体行为是否正义对于整个社会现实是否符合伦理完善原则具有根本影响。

表7　　　　　　　　　　　**集体行为的正义准则**

| 思想家、思想流派 \ 正义准则 | 集体行为的正义准则 |
|---|---|
| 亚里士多德 | 何种政治制度都应该能够使人们亲近德性和获得属于人的幸福、善 |
| 霍布斯 | 国家不能命令个人自杀或自伤，每个人都可以保护自己的生命，这是最高原则 |
| 卢梭 | 集体能以一种共同的力量来保障每个结合者的利益，并且由于这一结合而使每个与全体相联合的个人又只是在服从本人，像以前一样保持自由 |

续表

| 思想家、思想流派 \ 正义准则 | 集体行为的正义准则 |
|---|---|
| 边沁 | 功利原则指的是：当我们对任何行为表示赞成或不赞成的时候，我们要看该行为是增多还是减少当事者的幸福；换句话说，就是以该行为增进或者违反当事者的幸福为准。不仅指个人行为，也是指政府的每一种设施 |
| 康德 | 1. 立法者制定法律时务必使之反映全体人民的意志<br>2. 法律的正当性需要被证明<br>3. 法律唯一的有力的正当性依据不是功利而是公正<br>4. 法律必须促进而不是阻碍人的自由<br>5. 为了实现公正，需要一套有理性的人可能同意的社会裁决程序，公民政府正是这样的程序<br>6. 只有每个人视之为公平的考虑，才能限制每个人的自由<br>7. 在有效运转的公民社会里对自由进行限制，实际上是扩大自由<br>8. 好社会的标准就是实现自由。在人类社会这个目的王国中，任何自由人都不得被贬低为手段而受到羞辱<br>9. 得到同意的政府和法律，人们有服从的义务，但这是互惠为前提；对于不公正，有反抗的权利 |
| 墨家 | 贵义轻利；大不攻小也，强不侮弱也 |
| 儒家 | 仁政 |
| 道家 | 超越义利，无为而治 |
| 法家 | 以公灭私 |

说明：表7中列举的中国思想家以及思想流派的观点引自"焦国成：《中国伦理学通论》，山西教育出版社1997年版"。表格中列举的西方思想家以及思想流派的观点引自"宋希仁主编：《西方伦理思想史》（第2版），中国人民大学出版社2010年版"。

# 附　录

## 《论语》论"义"[①]

有子曰："信近于义，言可复也。恭近于礼，远耻辱也。因不失其亲，亦可宗也。"

---

[①] （春秋）孔子等：《论语》，陈晓芬等译注，中华书局2019年版，第7—256页。

——《学而第一》

子曰:"非其鬼而祭之,谄也。见义不为,无勇也。"

——《为政第二》

子曰:"君子之于天下也,无适也,无莫也,义之与比。"

——《里仁第四》

子曰:"君子喻于义,小人喻于利。"

——《里仁第四》

子谓子产:"有君子之道四焉:其行己也恭,其事上也敬,其养民也惠,其使民也义。"

——《公冶长第五》

樊迟问知。子曰:"务民之义,敬鬼神而远之,可谓知矣。"

问仁。曰:"仁者先难而后获,可谓仁矣。"

——《雍也第六》

子曰:"德之不修,学之不讲,闻义不能徙,不善不能改,是吾忧也。"

——《述而第七》

子曰:"饭疏食饮水,曲肱而枕之,乐亦在其中矣。不义而富且贵,于我如浮云。"

——《述而第七》

子张问崇德辨惑。子曰:"主忠信,徙义,崇德也。爱之欲其生,恶之欲其死。既欲其生又欲其死,是惑也。'诚不以富,亦祇以异。'"

——《颜渊第十二》

子张问:"士何如斯可谓之达矣?"子曰:"何哉,尔所谓达者?"子张对曰:"在邦必闻,在家必闻。"子曰:"是闻也,非达也。夫达也者,质直而好义,察言而观色,虑以下人。在邦必达,在家必达。夫闻也者,色取仁而行违,居之不疑。在邦必闻,在家必闻。"

——《颜渊第十二》

樊迟请学稼。子曰："吾不如老农。"请学为圃。曰："吾不如老圃。"

樊迟出。子曰："小人哉，樊须也！上好礼，则民莫敢不敬；上好义，则民莫敢不服；上好信，则民莫敢不用情。夫如是，则四方之民襁负其子而至矣，焉用稼？"

——《子路第十三》

子路问成人。子曰："若臧武仲之知，公绰之不欲，卞庄子之勇，冉求之艺，文之以礼乐，亦可以为成人矣。"曰："今之成人者何必然？见利思义，见危授命，久要不忘平生之言，亦可以为成人矣。"

——《宪问第十四》

子问公叔文子于公明贾曰："信乎，夫子不言，不笑，不取乎？"

公明贾对曰："以告者过也。夫子时然后言，人不厌其言；乐然后笑，人不厌其笑；义然后取，人不厌其取。"

子曰："其然？岂其然乎？"

——《宪问第十四》

子曰："群居终日，言不及义，好行小慧，难矣哉！"

——《卫灵公第十五》

子曰："君子义以为质，礼以行之，孙以出之，信以成之。君子哉！"

——《卫灵公第十五》

孔子曰："君子有九思：视思明，听思聪，色思温，貌思恭，言思忠，事思敬，疑思问，忿思难，见得思义。"

——《季氏第十六》

孔子曰："见善如不及，见不善如探汤。吾见其人矣，吾闻其语矣。隐居以求其志，行义以达其道。吾闻其语矣，未见其人也。"

——《季氏第十六》

子路曰："君子尚勇乎？"子曰："君子义以为上。君子有勇而无义为乱，小人有勇而无义为盗。"

——《阳货第十七》

子路从而后，遇丈人，以杖荷蓧。

子路问曰："子见夫子乎？"

丈人曰："四体不勤，五谷不分，孰为夫子？"植其杖而芸。

子路拱而立。

止子路宿，杀鸡为黍而食之，见其二子焉。

明日，子路行以告。

子曰："隐者也。"使子路反见之。至，则行矣。

子路曰："不仕无义。长幼之节，不可废也；君臣之义，如之何其废之？欲洁其身，而乱大伦。君子之仕也，行其义也。道之不行，已知之矣。"

——《微子第十八》

子张曰："士见危致命，见得思义，祭思敬，丧思哀，其可已矣。"

——《子章第十九》

## 第五章

# 精神结构完善的文化条件

文化是人的精神自由的产物，文化活动是精神自由的实现方式。文化伦理根源于自由，文化不仅是自由的产物，也是生产自由和实现自由的条件。自由目的定律之一表明：人的一切活动必定与自由相关，要么是增加自由，要么是实现或享有自由，要么是为增加和享有自由而创造所需条件。人类为了增加自由和享有自由而创造文化，文化是自由得以增加和实现的精神条件。自由目的定律之二表明：人为了获得自由而行动的过程是自由的体现，自由的行动是生产自由和享有自由的条件，因此，人能够享有的自由与他能够生产或增加的自由之间存在正向关联，人拥有的自由越多，就有可能生产更多的自由。文化是精神自由的体现，精神越是自由，文化发展就可能获得更大的精神动力；文化得到更好的发展，人类精神自由会因此获得更多的生产条件和实现条件。文化越发达，精神越自由，精神越自由，文化越发达。

文化伦理存在的基础是文化与精神结构之间的价值关系，文化伦理的意义在于规范文化行为，引导文化行为结果，从而促进精神结构的完善，为人的自由而全面发展提供条件。自由而全面发展的人，是人类社会趋向完善的主体条件。

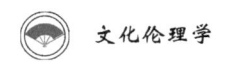

# 一 文化生产的精神条件

## （一）人类生产活动分类

人类对于各种存在和事物的完善状态的设定，本质是对某种自由的实现条件和实现结果的预期。所有自由的实现必然依赖于各种条件，人类通过生产活动创造出实现自由所需要的各种条件。依据生产活动的结果可以将生产活动划分为四种类型：一是物质生产活动，以物质产品作为预期结果；二是精神生产活动，以精神产品或文化作为预期结果；三是人口生产活动，以个体生命作为预期结果；四是关系生产，以人与人、人与社会、人与自然界、人与物质以及人与文化之间的某种关系作为预期结果。物质生产和人口生产是所有生产的基础，精神生产是高端生产方式，精神产品或文化不仅是个体精神结构以及社会公共精神结构不断完善的条件，也是各种生产技术进步的根源。人的活动产生的关系的本质都是价值关系，关系不仅是人类活动的结果，也是物质生产、精神生产以及人口生产的条件。人类所有的自由，依赖于物质生产、精神生产、人口生产以及关系生产，四种生产活动的完善状况决定了人类的自由状况。

精神生产以物质生产为基础，没有物质条件的支撑，精神生产便会失去物质资源支持从而陷入困境，精神文化的繁荣，需要物质资源的丰足作为基础。人类在物质世界的实践经验是文化创造的材料来源，文化发展演变的规律与物质生产实践活动的发展规律密切相关，精神生产方式的发展具有内在规律，但是精神生产方式深受物质生产方式发展规律的影响。

## （二）精神生产是个体意识活动的高级阶段

拥有意识是所有动物的根本特征，拥有高级意识是人的根本特征，高级意识是指人类所具有的社会意识。依据意识所具有的能动性水平，可以将意识划分为初级意识和高级意识。初级意识是指人和动物天然具有的对外界刺激做出反应的意识；高级意识是指人类所特有的意识，它通过学习、教育等途径不断接受文化训练，即作为精神生产的对象，不断接受文化信息的改造或建构而形成，相对于先天意识而言，它属于后天意识。意识活动是意识能动性的体现，意识活动方式包括非理性活动与理性活动。非理性活动包括情绪、情感等活动形式；理性活动包括感性、知性、理论理性、实践理性和艺术理性等活动形式。感性活动体现意识的感知能力，形成人类意识对于存在的感知而产生的实践经验；无法进入感知范围的存在就无法构成人类理论理性认识的对象，而只能成为实践理性或艺术理性对象的一部分。"不可知"的命题并不是对事物本身属性的判断，而是对人的认识能力界线的判断。知性是人的意识对于经验材料的总结和概括，形成关于存在的概念，在此基础上形成某一方面的专门知识或片段化认知；理论理性是对知识的体系化，是用逻辑的方式对事实判断进行整理，形成理论化的知识体系。实践理性是基于各种事实，为人类行为创制判断行为正当性所依据的原则及道理，以及具体情境中各种行为正当性即"行为应该如何"所依据的规则或原则指导下的实施细则。理性对于道理和规则的意识，形成价值观念和道德观念。艺术理性是人类意识活动最为奇特也是最为美好的能动方式，它通过再现、想象或虚构的方式创制各种艺术作品。

  意识的高级形式即社会意识，被称为精神，社会意识或精神是在实践活动中逐渐发展起来的，它出现的标志是人类劳动的物质劳动方式与精神劳动方式的分工。"分工只是从物质劳动和精神劳动分离的时候起才真正成为分工。从这时候起意识才能现实地想象：它是和现存实践的意识不同的某种东西；它不用想象某种现实的东西就能现实地想象某种东西。从这时候起，意识才能摆脱世界而去构造'纯粹的'理论、神学、哲学、道德等等。"[①] 就生产逻辑或时间次序而言，物质生产属于基础生

---

① 《马克思恩格斯选集》(第1卷)，人民出版社2012年版，第162页。

产，精神生产由于其自身的复杂性与高端性而属于高阶生产，物质生产—精神生产—自由，这是人类生产活动的价值逻辑，即最终目的是获得更多的自由。

与物质产品不同的是，精神产品以文本的形式作为基本存在形态。可以将文化文本划分为叙述文本与社会文本两类。精神产品需要借助于各种载体得到叙述或呈现，这些载体包括语言、声音、符号、动作、物体等，它们对精神产品进行呈现、记载和叙述，构成文化的叙述文本。叙述文本分为四类：知识文本、规则文本、游戏文本以及艺术文本。知性活动与理论理性活动创造理论化的知识体系，借助于各种符号和载体，呈现认知结果形成知识文本；实践理性活动的结果即表达行为方式应该如何的道理和规则的文本被称为规则文本；艺术理性创作艺术作品，以符号、语言、动作、音像和物体等方式呈现人的情感、认知、再现、想象等意识活动的过程和结果而产生的文本被称为艺术文本。艺术文本是以全部人类心灵能力或意识能力活动为条件而产生的文本形式。如果以文本创制所主要依赖的意识活动方式而言，游戏文本与艺术文本有共同之处，都是以全部人类心灵能力或意识能力活动为条件而产生的文本形式，但区别在于，艺术文本是为了满足欣赏、审美以及精神愉悦的需求，游戏文本只是为了满足人的感官和精神愉悦的需求，即"找乐子"。

精神是人类意识发展到一定阶段才出现的。精神劳动是意识能动性的高级阶段的活动。精神劳动目的在于进行精神生产，精神生产有三个产品，一个直接产品，两个间接产品。精神生产的直接产品是叙述文本；精神生产的间接产品，一是个人的社会意识结构，二是社会公共意识结构。个人的社会意识结构被称为个人精神结构，社会公共意识结构被称为社会公共精神结构。人们通过文化文本输入机制改变个人精神结构，通过文化文本公共化机制构筑社会公共精神结构。

## 二 文化的功能

文化生产精神结构的前提条件是文化具有生产精神结构的能力。文化因为自身所具有的各种功能而具有生产精神结构的可能性，这些功能是文化生产个体精神结构和公共精神结构的基础条件。

### （一）文化储存功能

精神劳动和物质劳动的分离，是人类社会最重要的一次劳动分工。人类以精神劳动的方式进行精神生产，即人的意识开始构造理论、神学、哲学、道德等，人类通过精神劳动的方式，生产出理论知识、价值观念、道德观念、形而上学、哲学、宗教理论等。精神产品以语言、符号、行为以及其他各种载体记载和呈现精神生产的成果，形成叙述文本。文化储存功能是指叙述文本将知识、观念以及文学艺术作品储存下来，形成文化资源。雅思贝尔斯曾经说过，大约在公元前5世纪，人类文明进入"轴心时代"，一批伟大思想家的精神生产奠定了人类文明的基础并确定文明的发展趋势，如中国的孔子、印度的佛陀、古希腊的亚里士多德等。黑格尔说过，对于一个西方人而言，每当说到古希腊哲学，都有一种精神家园之感。黑格尔谈到笛卡尔哲学时指出：人类哲学在流浪了一千多年后，终于回到它的起点。人类文明为什么会出现轴心时期，孔子和亚里士多德的思想成就为什么能影响人类文明的走向，是因为他们伟大的思想成果通过叙述文本得到储存，成为后人进行文化生产的精神资源，也成为后人通过文化传播和文化消费生产社会意识的精神资源。哲学在思想的海洋中流浪了一千多年之所以还能够回到起点，是因为文化的储存功能早已在社会意识前行的道路上，悄悄设置了无数的路标，将思想从黑暗或迷茫，引向黎明和自由。历史的尘埃淹没了无数城市和乡村，沧海桑田，文化因为具有储存功能，在斗转星移中将人类精神生产的果实保存了下来,为人类精神生活提供恒久的滋养。文化储存功能的意义对于文明而言是"生命线":如果没有文化的储存功能,所有精神劳动的成果都会成为"随生随灭"的精神元素,无法被记载,也无法被传播和传承,文化便会失去积累的可能,人类文明的存在方式终将因此成为一个原地踏步式的循环往复,而不是从量变到质变的加速度发展的变化趋势。

### (二) 文化记忆功能

文化的记忆功能,不是指文化储存精神生产成果的功能,而是指文化以文本的形式,叙述和记载人类实践活动、各种社会事件、各种历史场景,即叙述文本对于社会生活的言说,对于实践经验的记载。文本通过对社会历史各种现象进行记载,形成文化记忆。文化记忆的作用在于:文化记忆创制了人类观察自身历史的资料即史料,保存了人类社会关于自身活动历史的各种认知;文化记忆为人类认识和探究社会历史发展过程提供了"另一种事实",即文本事实,从中发现社会历史发展变化的规律;文化记忆为民族和国家提供共同的历史记忆,共同的历史记忆是共同精神结构的经验基础,尽管这种经验基础是一种文本事实,但文本事实的来源是历史事实。所有面向未来的行动,都有一个历史的起点,文本事实为重大集体行动提供了历史共识。通过文本事实而产生的共同历史认知,构成社会公众思想观念一致性的重要条件。被鲁迅先生称赞为"史家之绝唱,无韵之离骚"的司马迁的著作《史记》记述了中华民族从三皇五帝到汉武帝时期的社会历程;二十四史以及其他历史学著作,以及在文学艺术作品中得到记载的历史,为后人提供了一个完整的中华民族历史的共同记忆。文化记忆在历史深处为国人耕作了一块共同的精神家园,也为文明发展提供"前车之鉴",人们在文本事实提供的历史之镜中不仅认知了文明的灿烂,而且认知了人性的黑暗和曾经的社会悲剧,社会意识因此被改变,并将经验教训带入对于人的发展和社会进步的规划之中。

### (三) 文化发现功能

人的意识活动以理性活动和非理性活动的方式进行。理性活动有感性活动、知性活动、理论理性活动、实践理性活动、技术理性活动以及艺术理性活动等方式。人毕竟是有限的理性存在者，个体在自然界和社会环境中的活动范围终究有限，因此依据本人的实践活动获得的直接经验必然有限。文化文本因为其储存功能和记忆功能，为人的社会意识活动提供间接经验，相对于个人的有限理性而言，文本的间接经验资源几乎是无限的，即所谓"学海无涯"。文化的发现功能是指通过阅读文本，从文本中读取间接经验信息，通过对于知识、思想观念、信仰以及文学艺术等精神产品的信息读取，人们可以发现在个人感性经验的有限范围内无法发现的经验和知识。

依据发现对象存在领域的不同，可以将文化发现分为自然发现和社会发现两类。自然发现是指人们通过读取文本信息发现自然事实即自然现象和自然规律；社会发现是指人们通过读取文本信息发现社会现实、历史事实、社会历史发展的规律以及他人的行为方式等。依据发现对象的属性，可以将文化发现分为事实发现、价值发现和意义发现。人们可以通过文本信息发现他们在直接经验世界没有经历过的各种事实，这些事实是他人的行为、集体的行为以及他人和集体行为所构成的超越个人活动的时间和空间的社会生活。在事实之中有一类事实是价值事实，即事物、行为或现象具有什么样的作用，或者负载什么样的使用价值，价值发现是人的存在与发展的前提，也是社会进步的基础。人类进行物质劳动和精神劳动的目的在于进行价值生产，只不过生产的价值因为属性不同而分为物质价值生产和精神价值生产，相应地产生了物质劳动形式和精神劳动形式。人们通过文本信息读取可以发现各种意义设计。此处的意义，不是指语词的含义，也不是指价值或作用，而是指人类为自身行为预设的总目的或终极目的，是行为的终极原因。通过文本学习，人们可以发现他人尤其是人类社会中那些伟大的思想家们关于行为意义或人生意义的陈述。文化之所以能够为人类的思想和行动设置路标，不仅是因为它为人类提供了事实判断的各种基础，更在于它为人类提供了价值选择的可能，运用价值观和道德观等公理和规则为行为设置界限。在此基础之上，文化以意义陈述阐明各种关于行为以及人生意义的命题，为人的行为和生命预设了目标，人的意识和实践因此有了思维方向和行动方向。

### （四）文化再现功能

文化再现功能是指文本将直接经验以某种方式呈现出来的功能，体现在三个方面，即原始再现、选择再现以及想象再现。原始再现是文化以文本形式对自然事实和社会历史事实进行原状记录，形成直接经验的"第一手资料"，即原始再现文本。第一手资料对于自然科学研究和社会科学研究极为重要，只有获得第一手资料，思考和探究才能够"实事求是"。以文化人类学为例，文化人类学研究是文化研究的鼻祖，它将所有研究建立在田野调查的基础之上，通过获取第一手资料进行实证研究，从而保证研究结论的可靠性。文化的选择再现，是指基于某些价值观、行为规则以及预设目标，对自然现象和社会历史现象进行甄别或选择，再以文本形式记述经过甄别或选择的各种现象。选择再现文本是对现实世界某些经验材料的部分呈现。康德认为，在理性边界之外，有个"物自体"，我们认知能把握的对象只是物自体的现象而不是物自体本身。我们在此不去讨论"物自体"问题，但可以肯定的是人的理性是有限的，因此，选择再现文本与原始再现文本，都是对于各种自然和社会现象、各种事实的片段呈现。选择再现文本与原始再现文本的区别在于：原始再现文本的片段呈现，是在人的智力可能范围内的必然现象，是由于人的理性无法突破自身有限性所致；选择再现文本的片段呈现，是在人的智力可能范围内的主观现象，是人的理性出于某些目的或价值观而有意识地对现实世界的各种存在进行甄别或选择，再按照既定目标或目的将部分事实写入文本，由此形成选择文本。想象再现是人运用艺术理性的创作活动，通过想象或虚构的方式，对现实世界的各种素材进行加工，从而以艺术作品的方式再现生活世界，由此形成想象再现文本。想象再现文本的巨大价值在于，它是人类对于现实世界认知的超越，以想象或虚构的方式对经验材料进行艺术加工，创造了来自现实而又不同于现实的文学艺术文本，以此表达情感、价值观、道德观、理想、信仰以及人生的意义，提供体验价值和情绪价值，为人们提供了另类生活样式的参照和感悟。

### （五）文化传播功能

文化传播功能，是指文化所具有的信息传输功能，即文化以文本为载体，通过文本在不同社会个体之间的流动，达到向社会意识输入文化信息的目的。文化传播功能在两个方向发挥作用，一个是时间方向，一个是空间方向。由于文化文本所具有的储存功能，文化信息被保存在各种文本中。从时间而言，文本在不同时代的个体之间进行传递或流通，实现文化的历时传播功能。历时传播属于纵向传播或代际传播，通过文化的历时传播，文化不仅得以保存和继承，而且为后来的精神生产提供文化成果和精神资源。文化发挥历时传播功能的过程，也是文本信息不断经受选择而传播的过程，某些文化信息被选中而传承给后人，某些文化信息也可能会暂时被搁置。文化信息选择意味着传播主体拥有文化权力，对于社会意识的建构目标成为文化信息选择所参照的基本标准。当不同的文化信息选择标准发生冲突时，一个时代的文化变革可能即将开始，大规模的文化冲突甚至文化革命，往往从文化信息选择的冲突开始。当一个时代不再接受文化的历时传播而选择外来文化信息时，一种文化传统的代际传播便出现断层。从空间而言，文本在同时代不同个体之间进行传递和流动,实现文化的共时传播功能。文化共时传播意味着不同文化的相互交融和彼此促进。在人类历史上,不同文化体系的每一次相互交融都能够带来文化的繁荣,闭关自守能够有效阻断一个国家或地区的对外文化交流,但是文化共时传播被阻断,有可能导致文化因失去新的精神资源的注入而逐渐丧失活力,一个在闭关自守中失去活力的文化体系会造成社会意识发展停滞、思想保守、思维僵化,以至于社会发展因缺少具有先进意识的主体从而陷入困境。

无论是历时传播还是共时传播,文化传播功能所依托的文本只有两类,一是叙述文本,二是社会文本。社会个体通过读取叙述文本所储存的文化信息获得精神资料,重构个人的社会意识。社会文本由生活方式构成,作为生活方式的社会文本构成个体的生活环境,当个体接受一种生活方式,或者被一种生活方式逐渐同化的,便意味着个体接受了特定生活方式所蕴含的文化信息。社会文本通过风俗习惯、乡规民约、礼仪、节日甚至言行禁忌等形式,构筑了具有稳定结构的生活方式,个体生活在一定的生活方式之中,不断接受这种生活方式所蕴含的精神元素的教化和同化,以潜移默化的方式接受各种文化信息的输入。

### (六) 文化消费功能

文化被创造的原因在于它具有满足人类精神生活需要的功能,以自身的使用价值为人类精神消费提供条件。人类为什么要创造文化?精神劳动之所以最终与物质劳动分工,是因为精神劳动承担了物质劳动所无法承担的职能,即进行精神生产,产品是精神文化。人类所有劳动产物具有一个共同属性,即合乎人类生存与发展的需要,人类劳动为了满足物质生活与精神生活的需要而进行生产,因此有了物质劳动和精神劳动这两种基本的劳动形式。因此,人类为什么要创造文化,或者说文化为什么会出现,答案就在于人类的精神生活需要。从社会现实来看,社会个体有四种存在方式:生命存在方式、物质存在方式、

第五章 精神结构完善的文化条件

关系存在方式以及精神存在方式。马克思和恩格斯在《德意志意识形态》一文中揭示了人的四种存在方式的区别以及相互之间的逻辑联系。人的第一种存在方式是生命存在，生命存在是人类历史存在的前提。生命存在与延续需要物质生活资料的生产和再生产，人类凭借各种物质条件实现行动自由，构成自身存在的物质方式。在物质生产基础上形成了生产关系以及更为丰富的社会关系。人们之间的交往关系构成人的关系存在方式，"一定的方式进行生产活动的一定的个人，发生一定的社会关系和政治关系，……社会结构和国家总是从一定的个人的生活过程中产生的。"① 在生命存在、物质存在和关系存在的基础之上，人还有第四种存在方式也是最为高端的存在方式即精神存在方式，精神存在以生命存在、物质存在和交往存在为基础，生命存在、物质生产、交往关系是精神活动的内容，精神存在方式确证人的独特本质，是人与一般动物的根本区别所在。

人的精神需要表现在两个方面，一是精神生活消费的需要，二是精神结构发展的需要。精神作为个体意识的高级阶段即社会意识形式，情感的表达、情绪的宣泄、美的追求、艺术欣赏、心灵的慰藉、灵魂的安顿、意志力的增强等，构成人类精神生活的基本需求，这些需求都要借助于文化产品的消费行为才能够满足。人类通过精神劳动创造出如此丰富的文化产品，但并不是只包括那些客观知识和遥远的彼岸信仰，人们在日常生活中必然具有的喜、怒、哀、乐等意识活动，产生了精神空间巨大的表达、安慰和寄托需求。对于人生无尽的梦想和渴望，对于自由的向往，对于心理创伤的治愈，如此复杂多样的心灵需求，只有在文化文本的消费中才能得到满足，文化为每一个人提供了放声歌唱的田园，也为被压迫心灵进行叹息提供了安静的角落。精神生活对于文化的消费，是人类自我救赎的方式。文化是人类心灵最好的伴侣，在漫长的人生旅

---

① 《马克思恩格斯选集》（第1卷），人民出版社2012年版，第151页。

途中，只有文化能够承载人的精神压力的输出，在纷扰中给人安宁，在歧途指引迷津，在孤独中温暖相伴。文化是人类心灵存在的方式，是人的精神栖息地。

人的知性、理论理性、实践理性、艺术理性等理性能力，只有借助于文化学习和文化教育，才能够不断得到完善与发展。精神劳动的产品创造了文化，文化文本通过各种方式改变人的精神结构，提升人的理性能力。文化资源缺乏和文化传播被阻隔，或者教育欠发达的地方，都会导致人的意识向社会意识的发展受到阻碍，质朴与蒙昧之间并没有不可逾越的鸿沟，理性启蒙和思想觉悟产生了人的精神需求的高级形式。精神需求产生的高级消费形式与非理性的文化消费需求的不同在于：基于高级阶段的精神发展需求而产生的文化消费行为，本身也是精神生产过程，人类的精神消费和精神生产在此得到了统一。

## 三 文化是个体精神结构不断完善的条件

### （一）文化是个体意识的间接经验来源

个体意识的高级阶段即个体的社会意识。一方面，个体的意识能动性所具有的理性能力对直接经验进行加工而产生社会意识；另一方面，个体通过文化文本获得间接经验，间接经验通过被动接受或主动习得的方式内化为个体的社会意识，文化以叙述文本和社会文本为载体，对个体意识进行发展和完善，从而将个体意识从自然意识推进到社会意识阶段。在个体社会意识的形成过程中，个人直接经验是基础，但是文化在个体意识建构过程中的作用更为关键。原因在于文化所承载的间接经验超越了个人直接经验的有限性。康德在《纯粹理性批判》一书中将人定义为"有限的理性存在者"，即个人理性能力不是无限的，而是局限于一定的边界之内。个人作为有限的理性存在者，获得更多社会意识发展所需要的经验材料的主要途径就是接受文化信息输入。

## （二）文化是提升理性活动能力的必要条件

意识能动性的高级形态即理性能力，只有在接受了人类文化产品的不断教育和训练后，接受文化资源的能力才能够得到不断增长，个体意识从初级形态发展为高级形态。依据文化权力主体的社会身份，可以将提升个人理性能力的文化方式划分为以下三种类型。第一种是自主文化学习，即社会个体运用自己的文化权利获取文化资源，将文化信息内化为社会意识内容。第二种是文化教育，即个体接受各种方式的文化传播和文化传承。第三种是文化环境的作用。生活环境分为物质环境和文化环境，文化与日常生活世界的融合形成文化的社会文本，社会文本构成个人生活中的文化环境。文化环境以生活经验输入的方式不断为理性活动提供精神资源，促进个人理性能力的提高。文化提升理性活动能力的所有途径有一个共性即文化学习，个人在学习中不断扩大理性认知的范围，学习理性思维方法，将认识从感性阶段上升到理性阶段，用理论范式去认识世界，从而由现象深入本质，从联系中发现规律。人的理性能力与文化教育之间存在彼此促进的双向生长关系：文化是理性活动的产物，文化反过来促进理性的发展，连通二者的中介就是教育和文化传播，理性—文化—理性，二者之间存在相互促进的良性循环关系。人的意识是一块肥沃的土壤，只有通过学习和教育的方式辛勤耕耘这片土地并将文化的种子播撒其中，才有可能开出灿烂的社会意识的花朵。

## （三）文化改变个人精神结构

个人意识发展的高级阶段是社会意识，社会意识进行各种文化文本的生产才称得上是精神生产。文化以社会意识作为活动对象，通过文本输入生产和再生产人的社会意识，从而生产人的精神结构。精神结构是人的理性活动的结果。人的精神结构通过两个方式形成，一是精神结构的直接生产，二是精神结构的间接生产。精神结构的直接生产是指理论理性在实践活动中对直接经验材料进行加工而产生的精神成果。理性通过实践活动与外在世界发生联系，形成对客观世界的经验认知而产生感性经验；理性对经验材料进行加工，形成知性概念和知识片段；理性经验知识经过理性的逻辑建构，形成理论知识。实践理性为行为正当与否、高尚与否设定道义标准、创制道理，依据行为原则设计行动规则，产生了价值观念和道德观念、理想和信仰。艺术理性通过对生活世界的再现、想象或虚构等方式创造艺术作品。精神结构的间接生产是理性在间接经验领域的活动结果。个体通过自主学习、接受教育以及受到文化环境潜移默化的影响等方式，不断接受文化文本的信息输入。知识文本输入生产个体知识结构；规则文本输入生产个体价值观念和道德观念；文学艺术文本属于"全息文本"，不仅为个体精神结构输入知识和规则信息，包括文学艺术知识和文学艺术行动规则，从而改变个体的知识结构、价值观念和道德观念，而且个体在接受文学艺术的信息输入时，艺术素养得以提升，艺术理性的鉴赏能力、审美能力以及创作能力因此得到培育和提高。艺术理性是个体精神结构中最美好的精神素养，如果说知识文本和规则文本的文化输入为人的精神之路设置路标，将精神从黑暗和迷茫引向黎明和自由，那么艺术文本就是将诗意和美好赋予人的精神世界，为人类培育精神百花园。

### （四）文化为人的意志力提供依据

意志是人的意识的自我管理和自我调控方式，意志力是个人对行为意识的控制能力。意志力并不是凭空产生的，它的存在以及运行，需要某种凭借。意志力有两个凭借，一个是自然凭借，一个是文化凭借。自然凭借来自"求生本能"，为生命存在与延续而获取各种条件的愿望成为意志力的自然凭借。社会凭借来自文化素养。文化的叙述文本和社会文本，不仅改变个人知识结构，而且创设个体价值观、道德观，为个人选择理想、忠于信仰以及坚定信念，提供文化参照。只有具有明确的价值观和道德观且确立了远大理想的人，只有那些忠于信仰并为实现理想目标而坚定信念的人，才会在各种困境中保持强大的意志力，才有可能克服困难、历经艰险而不改初心，实现伟大目标。只有出于本能而且通过文化学习，在社会意识得到启蒙之后自主确定价值观、道德观，追寻理想，忠于信仰，并坚定实践行动的信念，才能够被称为觉悟者，才是真正具有高级意识能动性的社会主体。

文化因为改变个体精神结构而具备了改变个人自然意识活动方式的可能。个人精神结构经由文化输入而得到改变后，个人的自然意识会因为社会意识的发展或完善而发生相应改变。情感表达方式、情绪反应方式、语言表达形式以及行为方式，首先受到自然意识能动性的影响或左右，即自然反应，但是自然反应方式属于未经雕琢的、朴素的反应方式，有可能不符合人类文明的要求；人的自然反应只有在接受良好价值观、伦理观和道德观的约束，接受礼仪教化，深受艺术熏陶之后，才有可能变得更加文明，更加美好。自然意识反应向社会意识反应方式转变的本质是个体社会化的过程，文化是人类从自然状态转向文明状态的关键因素。

## 四 文化是公共精神结构不断完善所需要的条件

精神生产最终将人类与一般动物区别开来。人们运用文化资源生产个体精神结构和社会公共精神结构，不仅改变了个人的存在与发展方式，也改变了社会存在与发展方式，文明模式因为文化而存在或消亡，衰落或繁荣。

文化通过个体的自我学习、个体接受文化教育以及接受文化环境影响等途径，依托文本进行文化信息输入，影响个体的精神结构以及意识活动方式，成为个体意识完成社会化和文明化的基本力量。在文化改造了精神结构之后，个体意识获得了文化属性。与个体精神结构相对应的是公共精神结构,与个体意识相对应的是公共意识。公共意识是指以社会公众共享、公认或共建的方式存在的社会意识。个体意识分为自然意识和社会意识两个阶段,但公共意识只能是以社会意识即高级意识的形式存在,因为公共意识的来源不是个体所具有的自然意识,而是来源于文化文本所具有的精神资源。文化的精神资源是精神生产的产物,精神生产是个体意识的高级活动方式,精神生产的产物以文化文本的形式呈现,文化文本再现、记载高级意识活动成果,构成公共意识赖以产生的精神资源。具有内在联系的公共意识内容体系被称为公共精神结构,它是社会公众共享、共建、公认的精神元素所构成的精神共同体。

公共精神结构的组成元素包括:知识体系;社会核心价值观体系;公民伦理观念与道德观念体系;社会共同理想;社会共同信仰;社会共同艺术观念。公共知识体系是一定历史时期一个国家或民族所拥有或愿意接纳的全部理论知识,它是所有个人判断和社会决策的真理基础,公共知识体系所达到的科学水平,从根本上决定了公共精神结构的科学水平。知识体系不仅是个人行动的认知依据、社会发展规划以及治理决策的依据,而且在转化为科学技术后成为第一生产力,从根本上影响人类社会存在与发展的物质生产方式,因此知识体系决定了一定历史时期的国家或民族的物质文明程度。

价值是实现自由和生产自由的条件,核心价值是指那些自由的实现和生产所需要的最重要的条件,核心价值观是指关于核心价值的观念,即认为哪些价值才是一定历史时期一个社会最重要的价值的观念,即那些被认为是自由的实现和生产所需要的最重要的条件的观念。核心价值的总体称为核心价值体系,核心价值观的总体称为核心价值观体系。核心价值观标志文明类型,代表社会发展理想,体现社会进步的程度。

伦理与公民道德观念体系是一定历史时期一个社会所共同认可并以其作为行为依据的公理和规则的总和,为个人行为、社会发展规划以及社会治理行动提供伦理依据,它向全社会宣布:无论是个人还是集体组织、机构或以国家名义进行的行动,其正当与否或高尚与否所依据的道义是什么;依据这些公理设计的具体情境中各种行为应该遵循的规范是什么。公理和规则,为社会公众和各种社会公共制度提供自由行动的合理方式与各种权力的界限,即"自由的原则"和"自由的规则"。

社会共同理想规划了一个时代公众共同向往的发展目标,是公众对于人与社会的存在状况以及发展目标的设想;共同信仰为公众思想观念的本体论、价值论、方法论、道德论共识提供终极依据及其合理性的终极论证,在信仰存在的地方,可以找到人类所有思想观念和行为的终极依据,它是人类精神最后的皈依之所。

社会共同艺术观念是一个被很多人忽视的公共精神结构要素,以至于一个时代一个国家或民族,缺乏必要的审美观念,缺乏充盈的艺术修养,文明因此失色,公众文化素养失去艺术的熏陶。公共艺术观念是指公众对于优秀文学艺术作品的尊重与敬仰,对于文学艺术创造活动的爱护,以及对于艺术水准和审美标准的共识。

社会公众共享、共建和公认的知识、公理以及文学艺术观念,构成公共精神结构,它产生的社会公众在思想观念和行动方式方面的共同性和一致性,是一个社会的精神共同体,从而成为上层建筑的核心。

# 附 录

## 回答这个问题:什么是启蒙?[①]

[德] 伊曼努尔·康德

启蒙就是人从他咎由自取的受监护状态走出。受监护状态就是没有

---

[①] 李秋零主编:《康德著作全集》(第8卷),中国人民大学出版社2013年版,第39—46页。

他人的指导就不能使用自己的理智的状态。如果这种受监护状态的原因不在于缺乏理智，而在于缺乏无须他人指导而使用自己的理智的决心和勇气，则它就是咎由自取的。因此，Sapere aude［要敢于认识］！要有勇气使用你自己的理智！这就是启蒙的格言。

为什么有这么一大部分人，在自然早就使他们免除外来的指导（naturaliter maiorennes［自然方面的成年人］）之后，仍然乐意终生保持受监护状态？为什么另外一些人如此容易自命为他们的监护者？其原因就是懒惰和怯懦。受监护状态是如此舒适。如果我有一本书代替我拥有理智，有一位牧师代替我拥有良知，有一位医生代替我评判饮食起居，如此等等，那么，我就甚至不需要自己操劳。只要我能够付账，我就没有必要去思维；其他人会代替我承担这种费劲的工作。绝大部分人（其中有全体女性）除了由于迈向成年是艰辛的之外，也认为它是很危险的；那些监护人已经在为此操心，他们极好心地担负起对这些人的指挥之责。他们首先使自己的家畜变得愚蠢，小心翼翼地提防这些安静的造物胆敢从他们将其关入其中的学步车跨出一步，然后向这些家畜指出如果试图独自行走它们就会面临的危险。这种危险固然并不那么大，因为在摔几次跤之后，它们会最终学会走路的；然而，这一类的例子毕竟造成胆怯，并且通常吓阻一切进一步的尝试。

因此，对于每一个人来说，都难以挣脱几乎已经成为其本性的受监护状态。他甚至喜欢上了受监护状态，而且眼下确实没有能力使用自己的理智，因为人们从来没有让他做这样的尝试。章程和公式，这些理性地运用或者毋宁说误用其天赋的机械性工具，是一种持续的受监护状态的脚镣。无论谁甩脱这脚镣，都仍然会即便跳过极窄的沟，也是没有把握的一跃，因为他还不习惯这样的自由运动。因此，只有少数人得以通过其自己的精神修养挣脱受监护状态，并仍然走得信心十足。

但是，公众给自己启蒙，这更为可能；甚至，只要让公众有自由，这几乎是不可避免的。因为在这里，甚至在广大群众的那些被指定的监护人中间，也总是有一些自己思维的人，他们在自己甩脱了受监护状态的桎梏之后，将在自己周围传播一种理性地尊重每个人的独特价值和自己思维的天职的精神。在这方面特别的是：之前被他们置于这种桎梏之中的公众，之后在其一些自己没有能力进行任何启蒙的监护人的煽动下，却强迫他们留在桎梏之下；培植成见是非常有害的，因为成见最终也将使它们的制造者或者继承者自食其果。因此，公众只能逐渐地达到启蒙。通过一场革命，也许将摆脱个人的独裁和利欲熏心的或者唯重权势的压迫，但却绝不会实现思维方式的真正改革；而是无论新的成见还是旧的成见都成为无思想的广大群众的学步带。

　　但是，这种启蒙所需要的无非是自由；确切地说，是在一切只要能够叫作自由的东西中最无害的自由，亦即在一切事物中公开地运用自己的理性的自由。但现在，我听到四面八方都在喊：不要理性思考！军官说：不要理性思考，而要训练！税务官在说：不要理性思考，而要纳税！神职人员在说：不要理性思考，而要信仰！（世界上只有一位君主说：理性思考吧，思考多少、思考什么都行；但是要服从！）这里到处都是对自由的限制。但是，什么样的限制有碍启蒙呢？什么样的限制无碍启蒙甚至有助于启蒙呢？——我的回答是：对其理性的公开运用必须在任何时候都是自由的，而且惟有这种使用能够在人们中间实现启蒙；但是，对理性的私人运用往往可以严加限制，毕竟不会因此而特别妨碍启蒙的进步。但是，我把对其理性的公开运用理解为某人作为学者在读者世界的全体公众面前所作的那种运用。至于他在某个委托给他的公民岗位或者职位上对其理性可以作出的那种运用，我称之为私人运用。于是，好多涉及共同体利益的事务秩序有某种机制，凭借这种机制，共同体的一些成员必须纯然被动地行事，以便政府通过一种人为的协调来使他们为公共的目的服务，或者至少使他们不破坏这些目的。在这里，当然不能允许理性思考，而是必须服从。但是，如果机器的这个部分同时把自己视为整个共同体的成员，甚至视为世界公民社会的成员，因而具有一个通过著作来面向真正意义上的公众的学者的身份，那么，他当然能够理性思考，由此并不会损害他部分地作为被动成员所从事的事务。这样，如果一位军官被其长官命令做某件事，他在值勤时要对这个命令的合目的性或者有用性大声挑剔，这就会十分有害；他必须服从。但是，按理不能阻止他作为学者对军务中的错误作出评论，并把这些评论交给公众去评判。公民不能拒绝缴纳向其征收的捐税；甚至如果这样的义务是他应当履行的，那么对这样的义务的滥加指摘就可以当作一种丑行（它可能引起普遍的违法）来加以惩罚。尽管如此，同一位公民如果作为学者公开地表达自己的思想，反对这样一些捐税的不适当或者甚至不义，则他的行动并不违背一位公民的义务。同样，一位神职人员有责任按照他所服务的教会的信条对其教义问答课程的学生和教区信众宣讲；因为他就是按照这个条件被录用的。但是，他作为学者有充分的自由甚至天职，把他经过谨慎检验的、善意的关于那种信条中有错之处的所有想法，以及关于更好地安排宗教事务和教会事务的建议告诉民众。在此，这也不是什么能够归咎于他的良知的事情。因为他把自己依据其职务作为教会代理人所教导的东西，设想为他没有自由的权力按照自己的想法去教导，而是他被聘用来按照规定并且以另一个人的名义去宣讲的某种东西。他将会说：我们的教会教导这或者那；这就是教会所使用的证据。在这种情况下，他从规章中为自己的教区信众谋取一切实际的好处，他自己却会并非深信不疑地赞同这些规章，尽管如此仍能够自告奋勇地去阐述它们，因为其中并非完全不可能隐含着真理，但无论如何，至少其中毕竟没有任何与内在宗教相矛盾的东西。因为如果他相信在其中发现与内在宗教相矛盾的东西，那么，他就会不能凭良知来履行自己的职务；他必须放弃良知。因此，一位被聘用的教师在自己的教区信众面前运用自己的理性，纯然是一种私人运用：因为这些信众即便人数众多，也始终只不过是一种内部的聚会；而且就此而言，他作为教士并不是自由的，也不可以是自由的，因为他是在履行一项外来的委托。

## 第五章 精神结构完善的文化条件

与此相反，作为通过著作对真正的公众亦即世界说话的学者，神职人员在公开运用自己的理性时享有一种不受限制的自由，去使用他自己的理性，并且以他自己的人格说话。因为人民（在宗教事务中）的监护者自己又应当是受监护的，这是一件荒唐的事情，其结果是使种种荒唐的事情永恒化。

但是，难道不是一个神职人员的团体，例如一个教会会议，或者一个值得尊敬的 Classis［长老监督会］（如其在荷兰人中间自称的），应当有权以誓约的方式在自己内部对某个不变的信条承担义务，以便这样对其每一个成员，并借此对人民行使一种不断的最高监护，甚至使这种监护永恒化吗？我要说：这是完全不可能的。这样一个为永远阻止人类的一切进一步的启蒙而缔结的契约，是绝对无效的，即便它由最高的权力、由帝国议会和最隆重的和约来批准。一个时代不能联合起来，共谋将下一个时代置于一种状态，使其必然不可能扩展自己的知识（尤其是十分迫切需要的知识），涤除错误，并且一般来说在启蒙上继续进步。这会是一种违背人的本性的犯罪，人的本性的原初规定恰恰在于这种进步；因此，后代完全有权把那些决议当作以未经授权的和犯罪的方式作出的，而抵制它们。关于一国人民，能够通过决议产生出来作为法律的一切，其试金石在于如下问题：一国人民是否能够让自己承担这样一种法律呢？现在，仿佛是在期待一种更好的法律，这在一段确定的短时间内是可能的，目的是引进某种秩序；因为人们同时允许每一位公民，特别是神职人员，以一位学者的身份公开地，亦即通过著作对当前制度的缺陷作出自己的评论，而采用的秩序还一直延续下去，直到对这些事情的性状的洞识公开达到如此程度并得到证实，以至于它能够通过其声音（尽管不是所有声音）的联合而为君主提出一项建议，以便保护那些例如按照自己对更好的洞识的概念而同意变更宗教制度的教区信众，而又毕竟不妨碍那些想守旧的教区信众。但是，哪怕是在一个人的一生之内，同意一种持久的、不容任何人公开怀疑的宗教宪章，并且由此而在人类向着改善的进程中仿佛消除一段时间,使它徒劳无功,甚至由此而遗祸后代,这是绝对不允许的。一个人虽然能够对他个人,而且在这种情况下也只是在若干时间里,在他应该知道的东西上推迟启蒙;但放弃启蒙,无论是对他个人,甚或是对于后代,都叫作侵犯和践踏人的神圣权利。但是,一国人民根本不可以对自己作出决定的事情,一个君主就更不可以对人民作出决定了;因为他的立法威望正是基于,他把整个人民的意志统一在他自己的意志中。如果他只是关注让一切真正的或者自以为的改善与公民秩序共存,那么,他就能够让他的臣民们除此之外只是自己去做他们为了自己的灵魂得救而认为必须做的事情;这种事情与他无关,但要提防一个人用暴力阻碍别人尽自己的全部能力去规定和促进这种事情。如果他由于认为他的臣民们用来试图澄清自己的洞识的著作应当受到他的政府监督而插手此事,不仅他从自己的最高洞识出发来这样做,为自己招致 Caesar non est supra grammaticos[恺撒并不比语法学家更高明]的指责,而且更甚者,他把自己的至上权力降低到如此程度,在他的国家里支持一些暴虐者的宗教专制来对付其余的臣民,那么,这甚至有损他的威严。

如果现在有人问:我们目前是生活在一个已启蒙的时代吗?那么回答就是:不是!但却是生活在一个启蒙的时代。说人们如目前的情况,在整体上来看,已经处在或者哪怕只是能够被置于在宗教事务中无须他人的指导而自信妥善地使用自己的理智的水平上,还相差甚远。然而,现在毕竟为人们敞开了自由地朝此努力的领域,而且普遍启蒙或者走出人们咎由自取的受监护状态的障碍逐渐减少,对此我们却毕竟有清晰的迹象。就这方面来说,这个时代是启蒙的时代,是弗里德里希世纪。

一位君主,如果他认为,说他把在宗教事务中不给人们规定任何东西,而是让人们在这方面有充分的自由,这并不有失其身份,因此他甚至自动拒绝宽容这个高傲自大的名称,那他自己就是已启蒙的,而且作为至少在政府方面首先使人类摆脱受监护状态并任由每个人在一切涉及良知的事情上使用自己的理性的君主,他理当受到心怀感激的世界和后世的颂扬。在他治下,值得尊敬的神职人员尽管有其职责,仍可以以学者的身份自由地和公开地向世界阐述他们在这里或者那里偏离已被采纳的信条的判断和洞识,以供检验;而其他每个不受职责限制的人就更是这样了。这种自由精神也向外传播,甚至是在它必须与一个误解自身的政府的外在障碍进行斗争的地方。因为对于这个政府来说毕竟闪现着一个榜样,在自由时不必对公共的安定团结有丝毫的担忧。人们在自动地逐渐挣脱粗野状态,只要不是有人蓄意想方设法把他们保持在这种状态之中。

我把启蒙亦即人们走出其咎由自取的受监护状态的要点主要放在宗教事务中,因为就艺术和科学而言,我们的统治者们没有兴趣扮演其臣民们的监护人;此外,那种受监护状态如其是所有受监护状态中最有害的一样,也是最有损声誉的。但是,一位促进启蒙的国家元首,其思维方式再继续前进,并将看出:甚至就其立法而言,允许其臣民们公开地运用自己的理性,乃至于以对已立之法的一种坦率的批评来公开地向世界阐述自己关于更好地拟订法律的想法,这并没有危险;对此,我们有一个光辉的榜样,还没有一位君主由此超过我们所敬爱的那位君主。

但是,也惟有自己已启蒙、不惧怕阴影但同时手中握有一支训练有素且人数众多的军队以保障公共安定的君主,才能够说一个共和国不可以斗胆说出的话:理性思考吧,思考多少、思考什么都行;只是要服从!在这里,就这样展示出人类事务的一种令人惊讶的、出乎意料的进程;正如通常在宏观上观察这种进程时也是一样,其中几乎一切都是悖谬的。一种较大程度的公民自由似乎有利于人民的精神自由,但却给它设下了不可逾越的限制;与此相反,一种较小程度的公民自由却给这种精神获得了尽其一切能力展开自己的空间。当自然在这个坚硬的外壳下把它精心照料的胚芽亦即自由思考的倾向和天职展开来之后,这个胚芽就逐渐地反过来影响人民的性情(人民由此逐渐地变得能够有行动的自由),并最终也甚至影响政府的原理,政府发现,按照如今不止是机器的人的尊严来对待人,对政府自己是有益的。①

普鲁士哥尼斯贝格

1784 年 9 月 30 日

---

① 今天,即 9 月 30 日,我在毕兴的 9 月 13 日的《每周报道》上读到本月的《柏林月刊》的通告,其中提到门德尔松先生对同一个问题的回答。我尚未看到他的回答,否则它就会制止现在这个回答了,现在它能出现在这里,只是为了试一试,巧合在多大程度上能够带来思想的一致。

## 第六章

# 文化伦理的完善准则

伦理的完善原则是指伦理为行为主体自由自觉的活动以及那些与自由相关的事物设定的完善标准。伦理的完善原则运用于文化领域，预设人的文化行为方式与文化行为结果的完善标准，产生了文化伦理的完善准则，文化伦理完善准则是伦理完善原则在文化实践领域的具体运用。文化伦理的完善准则是指伦理完善原则为人类文化行为设置的完善标准，即伦理完善原则为文化行为规定了"什么样的文化行为才是完善或至善"的标准。文化伦理的完善准则主要由五个基本准则构成：一是人的完善准则；二是社会总体的完善准则；三是文化内容的完善准则；四是文化关系的完善准则；五是文化生产力的完善准则。人的完善准则与社会总体的完善准则属于文化伦理的目的完善准则；文化内容的完善准则、文化关系的完善准则以及文化生产力的完善准则属于文化伦理的条件完善准则。

## 一 人的完善

什么样的人是完善的人？这是文化伦理学完善准则的首要问题，文化伦理关于人的完善准则是规定那些与文化行为相关的人的完善标准，为人的发展和完善提供条件是文化的终极价值。

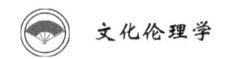

## （一）理性思维和行为能力的完善

判断人的理性思维能力和行为能力的完善状况的基本依据是人的思维能力与行动能力能够为人的自由提供什么条件。人的能力包括认知能力、判断能力以及行动能力。认知能力是人对于事物的存在与发展状况的感受和分析能力。判断能力是人对于各种事物发展变化的趋势以及行为后果的预判能力。判断有三种类型：一是事实判断，即关于事物是什么的判断；二是价值判断，即关于事物能否成为自由的条件的判断；三是伦理判断，即依据一定的伦理准则对于事物的完善与否以及行为正当与否的判断，包括德性判断，即对于各种价值关系中人的行为所体现的德性完善与否的判断。行动能力是人基于各种判断和预期目标而行动的能力，行动方法的设计与执行是人的行动能力的核心要素。人的能力是人享有自由和生产自由的主体条件，人的能力完善是人的发展的重要标志。

## （二）知识结构的完善

判断知识结构完善程度的基本依据是人所掌握的知识的数量多少、知识门类的全面程度以及知识所能达到的科学水平。知识是人类理性思维加工和改造实践经验的产物，是精神劳动的伟大产品，人类发展与进步的精神基础，是一切自由的根本条件。依据用途和功能的区别，可以将知识分为思想理论知识、技术理论知识以及立场理论知识三个子类型。按照思维对象的不同，可以将人类知识体系划分为两大类，一类是关于必然的知识，一类是关于应然的知识。关于必然的知识是以自然必然性为思维对象而产生的客观知识，包括自然科学知识和社会科学知识；关于应然的知识是以自由的正当性为思维对象而产生的主观知识，包括价值观、道德观、伦理观等内容，即价值哲学、道德哲学以及伦理学等知识。知识的增长和完善依赖于两个条件：一是人类实践经验的增长，二是人类思维能力的提高。如果没有实践经验的不断丰富或增加，人类思维无法获得新的材料而无法产生新的见解，科学实验之所以是自然科学知识增加过程不可缺少的方法，根本原因就在于科学实验能够不断增加实践经验，证实或证伪某些结论是实践经验不断丰富的途径。人类的思维能力是指运用人先天具有的能力，以范畴和逻辑的方式对实践经验提供的各种材料进行加工，通过归纳与演绎方法，获得各种知识。思维能力的强弱，决定了实践经验在多大程度上可以经过理性加工成为知识。在一堆实践经验提供的材料面前，一个受过专业训练的科学家可以通过理性思维创造新知识，但是对于没有受过专业训练或理性思维能力较弱的人而言，实践经验材料只是原始材料而已，只能产生表象或浅薄的观念，而难以产生高端的科学知识。没有受过严格而高端的思维训练的人在加工实践经验材料试图创造知识时，会因其思维能力弱小或缺陷而不可避免地产生认知谬误。突破实践经验边界，不断提升思维能力，是人类在真理知识和科学技术道路上不断前进的两个基本条件。

### （三）艺术素养的完善

判断艺术素养完善程度的基本依据是人的艺术欣赏能力与艺术创作能力所达到的高度。人的自由有四种形态即生理自由、基础自由、消极自由、积极自由。积极自由是指个体为了改进生命存续状态、提升生存质量、完善社会而有意识、自觉、主动进行的各种活动。积极自由是生命质量或生活过程的高级阶段，目的在于获得更多幸福。精神自由是积极自由的最高形态，是人的精神生活方式，精神结构的完善、精神生活的快乐和幸福，是人的存在的最终完善状态，精神生活幸福的本质是精神自由目标的实现，体现为精神自由总量的增长以及构成精神自由的各种要素的完善。高端艺术产品是实现人的精神自由、完善精神自由的内容与形式的条件，主体能够享受的艺术作品越是高端，主体的精神自由程度越高，精神自由的内容就越丰富。

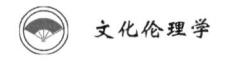

### (四) 价值观念的完善

判断价值观念完善程度的依据是价值观念引导行为所产生的结果是否增加了利益以及增加了谁的利益。对于一切事物与利益的相关性的理性判断，对于人的意识活动、行为方式以及精神之外的一切事物是否能够成为实现自由的条件的判断，形成人的价值观念。依据三个基本标准衡量价值观念是否完善：一是价值事实的认知，即是否能够充分认识到各种事物相对于某种目的而言具有正价值或负价值或没有价值；二是价值所属主体的认知，即是否能够全面认识到各种事物对谁具有什么样的价值；三是价值立场的选择，即是否能够在价值观的指引下，在获取个人正当利益的同时增加他人正当利益，在没有损害他人正当利益的前提下获取个人正当利益。价值观念包括两个内容：一是指价值判断，即对于各种事物和行为是否能够成为实现自由和生产自由的条件以及在何种程度上能够成为实现自由和生产自由的条件；二是指价值立场，即出于某种伦理准则对那些实现自由和生产自由所需要的条件进行选择。价值判断与理性的认知能力和分析能力有关，理性的认知和分析能力直接决定了一个人的认知是否能够对于自由所需条件以及何种事物与行为构成自由所需条件做出准确判断。价值选择与两个因素有关，一是理论理性，一是实践理性。理论理性的能力决定了一个人能否掌握实现自由或获取生产自由所需条件的科学方法；实践理性的能力决定了一个人能否依据伦理的完善原则以及依据伦理正义原则而思想和行动，从而以合乎正义原则的方式获取实现自由和生产自由所需要的各种条件。

### (五) 德性的完善

德性是指人为了成为善良的人，在认识活动和实践活动中运用理性指导自己的意识和行动而获得的良好状态；是指人为了成为更加完善的人而运用理性进行理论活动以及实践活动中所获得的良好的意识和行为状态。德性包括理智德性与伦理德性，理智德性包括理论理性的德性和实践理性的德性，在理论理性德性的基础上形成的实践理性德性以及伦理德性，是人的属性的善或恶的状况的总称，是那些与善或恶相关的人的意识和行为所体现出来的人的属性的完善状况。德性或道德品质不是指人的属性的总体完善状况，而是指在个人与他人、个人与自我的价值关系中获取价值或消费价值时体现出来的意识完善状况以及行为方式和行为结果的完善状况：一是指精神品质的理性状况即非理性意识和行为的理性品质，是指个人的欲望、情感、情绪在理性指导或控制下所达到的良好状态；二是指精神品质的善良属性，即能否对自己和他人怀有善意；三是指精神品质的正义属性，即个人价值行为是否能够按照"道"的要求即遵守正义规则而言行；四是指精神品质的高尚属性，意识和行为所体现的高尚状况。

判断一个人德性完善程度的基本依据是理性是否完善、内心是否善良、能否遵循正义、能否保持对于一切善恶言行的理性思考与清醒判断。德性具有两个属性：一是遵从属性即服从性；二是自主属性即主体性。德性的服从性是指个人对于伦理原则以及伦理准则的认同、选择与遵循，是个人在利益关系中的意识和行为遵守伦理完善原则与伦理正义原则所体现出来的伦理属性。德性的主体性是指个人所具有的伦理自主性。伦理自主性表现为四种自主行动：一是理性认知，即对于各种事实、价值关系以及其中各种伦理准则的认知；二是理性批判，即对于各种事实、价值关系以及其中各种伦理准则的思考与批判，做出肯定或否定结论；三是自主选择，即自主决定是否加入某种价值关系以获取利益，是否遵循依托这些价值关系而存在的各种伦理准则；四是自主建构，即基于价值关系提出新伦理准则，这些新的伦理准则与原有的伦理准则之间存在竞争与博弈关系，促进伦理思想的变革与发展。

## （六）智慧的完善

判断一个人智慧的完善程度的基本依据是人的理性思维能力、理性调控能力以及理性设计能力。智慧包含的思维能力是指对于事物本质与真相的洞察力；调控能力是指调控自己的情感与情绪等意识活动方式的能力、语言与行为的调控能力以及各种关系的调控能力；设计能力是指基于洞察力和调控能力，设计合理的言行方式、交往方式以及生活方式，从而让自己身心安宁，各方利益各得其所，价值关系和谐。智慧是一个人发展水平的顶级完善，是一个人的高端能力。智慧的本质是心灵和行为的自我管理能力以及各种价值关系的合理化调控能力。一个人，即使理性思维能力和行为能力很强大，知识素养、艺术素养、价值观念、伦理观念以及道德品质比较完善，也有可能将生活过得一团糟糕，无法获得生活的幸福、快乐，根本原因在于缺少智慧。智慧由四个因素组成：一是理性思维能力；二是行为能力；三是思想意识和行动的自我设计能力；四是情感、情绪等非理性因素发展变化的自我调节能力。理性思维能力可以让人对一切事物、现象和行为做出准确判断，是行动的前提；行为能力可以让人通过有效方法实现目标；思想意识和行动的自我设计能力不仅是指人依据科学标准、价值标准和伦理标准设计出适当的思考方式、语言表达方式以及行动方法的能力，而且是指人对于思想观念与行动进行取舍的能力和决心，辨善恶，知进退，明得失，懂取舍；情感、情绪等非理性因素发展变化的自我调节，是指一个人运用强大意志力调控自己的情绪与情感的波动方式，从而使得情感和情绪波动不至于失控，不至于损害精神自由、身心健康以及其他利益。因此，智慧的本质是人所具有的将理性和非理性意识活动、言语以及行为控制在完善状态的能力。理性不是智慧，理性只是智慧的基本条件，在意识和行为中能够运用理性善待自己的身体和情绪，同时善待他人，且能够做到各得其所，此为智慧。

## 二　社会的完善

社会总体的完善或理想社会蓝图是人们对于社会总体发展水平以及

## 第六章 文化伦理的完善准则

社会发展状态的期待或设计，当伦理思想以某种社会总体的完善状况或理想社会蓝图作为人们的行动目标而引导或规范公众行为时，就产生了社会总体的完善准则。文化的完善准则引导的主体不仅是个体，而且是组织主体，所有的行为主体的所有行为及其后果，构成一定历史时期的社会总体，因此社会总体的完善准则，是对所有行为主体的伦理要求；社会总体完善具有条件属性，社会总体的完善是每一个人自由而全面发展的最终条件，也是每一个组织主体和集体成为每一个人自由而全面发展从而获得幸福生活和实现自由的最终条件。

每个人都有机会获得自由而全面发展。在一个完善的社会中，每个人无论出身如何，具有何种社会身份，是否富裕，都有机会接受良好的教育。任何人都不能因为任何原因而被剥夺接受教育从而促进身心发展的机会。社会需要一整套有效制度，解决那些因为各种原因而形成的教育不公平问题，教育制度只能设计公平竞争规则，而决不能成为导致教育不公平的公共权力。

个人的精神结构不断趋向完善。在一个完善的社会中，尽管每个人的精神素养发展水平不同，但是每个人的精神结构都能够不断趋向完善：心理健康，心灵丰富，情感美好，情绪稳定，理性明晰，具有良好的价值观和伦理观，具有健全人格和道德品质，富有仁爱之心，言行正义、有礼、守信，拥有知进退与懂取舍的智慧，进则为民造福，退则修身齐家，温和、善良、恭敬、勤俭、谦让。每个人都是经过各种方式获得启蒙后觉悟的人。

社会公共精神结构不断趋向完善。在一个完善的社会中，尽管每个人都有各自独立的思想意识，但是这个社会一定需要稳定而完善的公共精神结构。共同的历史记忆、共同情感、共同理想、共同信仰、核心价值观、获得广泛认同的伦理原则、科学真理的共识等，是构成公共精神结构的基本元素。每个人都拥有独立思考的权利，但是每个人都有义务维护公共精神结构；公共精神结构拥有强大的文化整合力量和改变个体精神结构的力量，但绝不会因此而剥夺个体精神自由，个体精神自由是公共精神结构拥有不断趋向完善的动力源泉。

生产力水平不断提高，科技不断进步，社会公共物质财富不断增长，个人自由所需要的物质资料不断丰富。个人和社会面临的主要矛盾不再是物质生产力水平不能满足人们对于物质资料需求的矛盾，而是人的精神结构不断完善与社会精神产品生产力不能满足精神完善需求的矛盾。贫穷不再是生活恐惧的根源，每个人花费毕生精力所谋求的不是温饱，而是推动自己以及他人的自由和发展。

每个人都能够得到善待。财富、权力以及认知的差距，只能成为强者对他人和社会负有更大责任的依据而不能成为强者侵害弱者的条件。一个正常的社会必定存在财富、权力、认知水平分布的不均衡现象。在一个不完善的社会中，财富、权力以及认知水平的差距成为一部分人压迫、欺骗、虐待以及利用另一部分人的条件；在一个趋向完善的社会里，财富、权力以及认知水平的差距成为一部分人对于促进他人自由和社会发展负有更多责任的依据。一定时期内一定社会的物质资源和精神资源是有限的，它们都是自由得以再生产和实现自由的条件。一部分人运用自己所拥有的财富、权力、认知能力以及其他有利因素占有那些处于弱势境遇中的人们所拥有的物质资源或精神资源，或者利用各种优势占有更多获取财富、权力以及其他价值的机会并为个人谋取更大利益而不是为人民服务，是一个社会最大的不公正，也是一个人在道德领域不可原谅的恶。

伦理、道德和法治各负其责，协同共进。伦理是一个社会所有人、所有组织的共识，不仅为个人和社会设定美好生活的标准，而且以正义约束个人和社会组织的言行。道德是个人的觉悟和良心的觉醒，不仅个人以各种伦理准则引导自己的情感和理性，引导个人的思想和言行，而且道德自由远远超出伦理边界，即对于人生意义和高尚的自主追求。那些不能适用于所有人的伟大人生意义和高尚行动，却是道德境界的高峰。法治不能成为信仰，因为法治只是以世俗社会利益关系为依据约束行为的社会治理方式，它只规定行为的起点但不能设定行为的终极，它只能尽量避免最坏的结果，但是对思想境界的崇高无能为力，对于超越世俗利益关系的彼岸世界不具有强制管辖能力。法治不是信仰，法治不能强制情感，不能强制个人选择什么样的人生意义，更不能强行规定所有人追求高尚，但是法治的伟大在于：它能够以公共权力的方式维护社会公正，从而促进人和社会趋向完善。但是法治的公正需要被证明，法治体系需要不断完善，因此，伦理为法治提供原则和准则。在一个完善的社会中，法治和伦理必定高度契合而不是相互冲突。伦理的责任主体是所有人，道德的责任主体是个人，法治的主体是公共权力机关，但是他们的交叉点在于维护正义，促进人与社会的不断发展与完善。

人与人之间相互竞争的本质是每个人获得自由以及获得自由所需的条件，而不是一部分人可以凭借各种制度化权力或规则压迫另一部分人。自由竞争的结果不是一部分人占有更多资源而另一部分人失去各种资源，更不是形成特权阶层而产生对于特殊利益集团的利益保护；自由竞争的结果是一定时期集体的自由总量得到增加，而且参与竞争的每个人的自由总量获得增加；自由竞争的结果绝不是一部分人剥夺另一部分人的利益。"代替那存在着阶级和阶级对立的资产阶级旧社会的，将是这样一个联合体，在那里，每个人的自由发展是一切人的自由发展的条件。"[1]

每个人的幸福生活实现了物质自由与精神自由两种幸福的结构平衡。生活幸福是每个人都渴望实现的人生完善状态，希望通过努力而实现的生活理想。虽然每个人对于幸福的内容和形式的理解可能存在差异，但是幸福的本质就是自由，所谓的幸福，在其最终意义上，不过是人渴望的某些自由得以实现的状态。依据自由得以实现所需要的条件，自由有三种类型：物质自由、精神自由、关系自由。物质自由是指人的意识和行为自由获得物质条件的支持；精神自由是指人的意识和行为自由获得精神条件的支持；

---

[1] 《马克思恩格斯选集》（第1卷），人民出版社2012年版，第422页。

关系自由是指人的意识和行为自由获得人与自然、人与人、人与集体以及人与文化之间各种关系条件的支持。物质自由是基本自由，物质生活的幸福是基本幸福，所有生活的不幸首先从物质自由的匮乏开始，多少生活的苦难根源于物质生活的贫困；追求物质自由是值得尊重的愿望，任何社会、任何组织、任何个人，都不能剥夺人的物质自由。精神自由是高端自由，精神生活的幸福是幸福的高端形式。在人的精神结构中，知识丰富、认知正确、理性能力强大、艺术素养高雅、心灵圆满、智慧觉悟等都是实现精神自由的条件。精神自由是实现精神生活幸福的方式，愚昧无知、缺乏艺术素养、心灵存在缺陷、没有智慧的人，必然经历精神生活的不幸。心灵的痛苦和精神世界的蒙昧与苦闷，是一个人最大的不幸。同时具备物质生活的幸福与精神生活的幸福，才是幸福生活的完善状态，而人与自然的关系、人与人的关系、人与组织或集体的关系、人与文化的关系，为实现人的物质自由与精神自由提供条件，是过上幸福生活的保障，任何幸福都是在各种价值关系中得以实现的。

## 三　文化内容的完善

### （一）文化内在构成要素的完善

文化内容的完善是指文化内在构成要素的完善。以文化内容的完善作为文化活动目标并将其作为引导文化行为的准则，构成了文化内容的伦理完善准则。

1. 知识完善。文化内容的知识完善是指任何知识的内容，都应该是科学知识，即任何知识内容的理想标准是科学

知识是人类进步的基石，任何拒绝科学知识的社会都必将处于蒙昧状态。知识是指在实践经验基础上经过理性思维的加工而形成的、由专门概念和完整逻辑构成的认知结果，通过文字和各种符号书写成为文本。那些不是以实践为基础进行经验加工的认知不能被称为知识，那些没有

专门概念和逻辑的认知不能被称为知识。知识不是意见，也不是立场，知识是关于事实的认知，也是关于行动方法的设计。任何被称为真理知识的文化，都应该是经过实践验证或可以得到实践验证而被认为是科学知识的文化。

2. 价值观完善。文化内容的价值观完善是指任何文化内容所展示的价值观，应该是记忆、叙述和肯定那些能够增加人的自由、促进人的不断完善、推动社会进步的价值观

价值观是人类进步的路标，在人类社会发展过程中逐渐形成的伟大价值观，可以给个人的完善和社会进步提供方向。价值观与价值不同，价值是价值观的对象，即理性思维以价值为对象进行认知和选择而形成价值观念。价值观包括两个内容，一是价值判断，二是价值立场。价值判断是指人的意识或理性对于某种事物、行为和关系是否能够成为实现自由和生产自由的条件而做出的判断，属于事实认知；价值立场是指人的意识所做出的价值选择，即是否选择某种价值作为实现自由或生产自由的条件。文化是人的精神结构完善的直接条件，文化内容所展示的价值观，不仅是价值判断，也是价值立场。文化内容展示的价值判断应该是真正能够有利于实现人的自由、再生产或扩大再生产人的自由的那些价值判断；文化内容展示的价值立场，不仅是那些有利于实现人的自由、再生产或扩大再生产人的自由的那些价值立场，而且是那些符合正义原则或正义准则的价值立场。价值观不仅直接影响个人生活方式和行为方式，而且影响组织、集体、国家甚至整个社会的行为方式和存在状态，文化不仅担负着启蒙个体价值观的责任，而且承担着引导社会公众、各种组织以及权力机构所秉持的价值观的责任。

3. 理想或信仰的完善。文化内容的理想或信仰完善是指任何文化内容所展示的理想或信仰，都应该能够引导人的自由而全面发展，能够促进社会进步

理想是个人和组织对于事物未来发展状态以及行动结果的完善状态

的预期。理想具有三个属性：一是主观性，它是个人、组织、集体、国家甚至整个社会对于某种事物的未来状态或行为结果的完善状态的良好预期；二是实践性，即理想能够与行动相结合成为实践活动，即为了实现某种理想而进行的努力，不具有实践性的预期属于空想；三是预期性，即对于那些与人的利益、幸福和快乐有关的事物的发展趋势、未来状况的预期，对于那些与人的利益、幸福和快乐有关的行为结果的美好预期。信仰是终极理想，是个人、组织、集体、国家甚至整个社会拥有的各种理想中称为终极目标或具有最高位置的那个理想。但是信仰与理想最大的区别在于，理想始终是基于现实的对于未来的设想，是有可能通过实践行动实现的目标；信仰有可能是可以实现的理想，也有可能是某种空想或预设，即对于那些与此岸生活相区别的彼岸生活的美好预期。理想和信仰在人类社会中具有重要作用，没有理想和信仰，伦理原则和伦理准则就无法产生。正是由于理想和信仰的引导，人类才有了对于人与社会的完善形态的美好预期，才有了那些为了实现美好预期才创设的正义原则或正当准则。所有好的理想和信仰，都应该是能够成为人的自由而全面发展条件的观念，而且能够促进社会不断进步和完善。理想和信仰借助于各种文化文本进行传播，突破时间、空间和人群边界，对人和社会的影响不断扩大，从而产生巨大的建设力量或破坏力量。任何文化内容所展示的理想或信仰都应该能够引导人的自由而全面发展，能够促进社会进步，而不是减弱人为了追求自由而全面发展的动力，不能成为将社会发展引入歧途的精神因素。

4. 伦理完善。文化内容的伦理完善是指任何文化内容所提倡的伦理应该引导人和社会追求完善、坚守正义，所提倡的道德应该是那些能够引导人向善、坚守正义、追求高尚的道德品质

伦理是人类为摆脱一切与人的存在相关的事物和行为的不完善状态而努力的思想成果，是人类追求自由过程中产生的思想成果，伦理的价值在于通过引导思想和行为为人类的各种行为提供正义原则和正当标准，促使

那些与人的自由有关的一切事物变得更加完善。道德是人类在追求自身发展与完善的过程中发明的人性的完善标准，人类试图以善念代替恶意，用善行代替恶行，从而以某些好的人性代替不好的人性，因此道德是人类为摆脱自身不完善状态而努力的结果。伦理原则的具体内容即伦理准则具有社会历史性，在不同社会历史条件下，不同的社会组织、政权、主流意识形态以及社会风尚所提倡的伦理准则可能存在差异，不存在普遍适用的伦理准则。但是任何伦理准则都必须符合伦理的完善原则和正义原则。尽管伦理准则的适用对象和具体情境千差万别，但任何伦理准则都是伦理的完善原则和正义原则的延伸和具体化。无论什么样的文化内容，如果它是优良的文化，就必须遵循伦理完善准则：优良的文化内容所提倡的伦理应该引导人和社会追求完善、坚守正义；所提倡的道德应该是那些能够引导人向善、坚守正义、追求高尚的道德品质。

5. 艺术完善。文化内容的艺术完善是指艺术作品应该具有高端而优良的艺术水平

艺术是精神自由的美好形式，为人的心灵提供家园和庇护。艺术体现的是人以实践经验和现实生活中存在的各种事物为基础，将人的情感、认知、想象等精神活动过程和结果进行加工和再现的能力，艺术创作通过符号、语言、动作等载体创作和展示艺术作品。人类的精神自由有多种形式，其中科学自由与艺术自由是精神自由的两个基本形式。科学自由即理论理性的自由，以认知能力和思维能力为基础，创造知识，学习知识，完善理性；艺术自由即艺术理性的自由，以艺术素养为基础，创造艺术作品，欣赏艺术作品，表演艺术作品，通过训练不断提高艺术水平。科学是生命之树，艺术就是生命之树上美丽的花朵，人类生活因为艺术而美好，个人因为艺术而快乐。

优良的艺术作品是指那些具有高端艺术水平的作品。衡量艺术水平高低的标准主要有以下四条：一是艺术作品的生产技术水平，是指艺术作品的创作需要作者拥有经过长久训练的专门技能甚至艺术天赋；二是

艺术作品的表达水平,即艺术作品对于人的精神活动、生活经验以及各种事物的艺术加工和艺术呈现所能达到的水平;三是艺术作品的感染力,即对于人的情感、情绪以及立场的影响力;四是艺术作品的可欣赏水平,即艺术作品在视听方面能够给人提供多大程度的愉悦和美的享受。衡量艺术作品水平的根本标准是艺术作品能够满足精神自由需求的程度,它能够为人的精神自由提供多少条件,能够生产和实现多少精神自由,能够为人的情感寄托、情绪表达以及想象力提供多少实现条件。

6. 意义完善。文化内容的意义完善是指任何文化内容所展示的人生意义,都应该能够引导人的自由而全面发展,促进人的幸福,推动社会进步

意义所指对象主要有三种:一是指语言的含义,即语言文字作为符号所要表达的是什么样的经验事实,是什么意思;二是指价值,即事物和行为对于自由的实现和生产所具有的条件属性,即有什么作用;三是指终极目的,包括某个独立行为的最终目的、某个人生阶段的目的以及整个生命的最终目的。在文化伦理学领域,意义是指社会主体某个行动的最终目的以及社会主体所有行动的终极目的,某个行动的最终目的被称为阶段意义,所有行动的终极目的被称为终极意义。

只有当个人和其他社会主体为自己设置了行为和存在的意义时,才会有理想和信仰的确立。意义是个人心灵的归宿,是社会的远大理想。个人和其他社会主体,因为意义设定的差异导致行为方式选择以及发展目标的不同,每个人对于人生终极意义的设定直接影响他的人生道路和行为方式;一个国家对于社会发展意义的设定直接影响社会发展和社会治理的方针政策。

意义是人的精神劳动创造的结果,意义被创造出来之后,通过行为、交往、教育、文化传播等方式,逐渐获得更多社会主体的认知。文化内容不仅具有记载意义、解释意义、传播意义、确定意义立场的功能,而且具有发明意义的功能,从而不断丰富意义,完善意义,为人和社会的

发展提供精神路标。因此任何文化内容所展示的人生意义，绝不能将人的思想意识带入歧途，将思维带入迷茫，将人性导向邪恶，将社会带入落后和黑暗，而是应该能够引导人的自由而全面发展，促进人的幸福，推动社会进步。

7. 事实完善。任何文化内容的事实完善是指任何文化内容所记载和叙述的社会历史和社会现实，都应该尽可能真实而全面

人对于世界万物以及各种现象的认知主要有两种方式，一是直接方式，即基于自己能够直接感知的各种事物和现象而获得直接经验，直接经验产生于人的社会实践活动过程；二是间接方式，即基于各种信息传播渠道而将他人对于事物和现象的认知内容转变为自己的认知内容，从而获得间接经验。间接经验产生于各种交往关系，包括文化传播、人际交流、教育等交往关系。人们所有的交往都是为了获得某种利益或价值，从而为实现自由或为生产自由创造条件。文化内容的最终根源是直接经验，但是文化内容通过传播转化为他人认知内容时就成了间接经验。人们运用间接经验建构认知、价值观、道德观、伦理观、理想、意义观以及信仰等，认知、价值观、道德观、伦理观、理想、意义观以及信仰不仅是精神自由存在的方式，也是精神自由和行动自由的思想意识条件，因此文化内容作为间接经验，对于人的自由的实现以及自由的生产具有关键影响力。任何文化内容所记载和叙述的社会历史和社会现实，都应该尽可能真实而全面，从而为个人和公共精神结构的完善、为人的自由创造条件。正因为如此，任何文化内容歪曲历史、篡改历史，或主张历史虚无主义，或有意掩盖事实以欺骗公众等行为，都会被判定为违背伦理完善原则的行为，从而也是违背正义原则的行为。

## （二）文化内容完善与否的评价

文化内容主要包括知识、价值观、理想与信仰、伦理、艺术、意义以及所呈现的事实经验等元素。评价文化内容完善程度的基本标准如下：

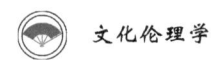

表 8　　　　　　　　文化内容完善程度评价的基本标准

| 文化内容 | 基本标准 |
|---|---|
| 知识 | 达到的科学真理水平 |
| 价值观 | 有利于实现自由和增加自由 |
| 理想或信仰 | 能够引导人的自由而全面发展，能够促进社会进步 |
| 伦理 | 能够引导人向善、坚守正义、追求高尚 |
| 艺术 | 具有高端而优良的艺术水平 |
| 意义 | 引导人的自由而全面发展，促进人的幸福，推动社会进步 |
| 事实经验 | 真实而全面 |

对于不同类型的文化内容而言，评价完善程度的基本标准并不相同。评价自然科学知识完善状况的基本标准是知识标准，即自然科学知识所能够达到的科学真理水平，这是评价自然科学完善程度的唯一标准。不过在将自然科学知识运用于物质生产和精神生产以及社会管理等领域的时候，评价对象和评价标准随之发生改变，科学水平不再是唯一标准，价值观、理想和信仰、伦理以及意义等，是保证自然科学知识能够促进人类自由而不是损害人类利益的不可缺少的伦理要求，因此价值观、理想和信仰、伦理以及意义等标准，成为评价自然科学运用方式的基本标准。评价社会科学知识完善状况的基本标准是事实标准、知识标准、价值观标准、理想和信仰标准、伦理标准。评价哲学理论完善状况的基本标准是事实标准、知识标准、价值观标准、理想和信仰标准、伦理标准以及意义标准。评价文学艺术作品完善程度的基本标准是事实标准、知识标准、价值观标准、理想和信仰标准、伦理标准、艺术标准以及意义标准。

## 四　文化生产力的完善

### （一）什么是文化生产力

文化生产力是指文化转化为利益的能力，即文化转化为物质生产技术、社会治理方法以及精神结构的能力。文化生产力的本质规定性是指文化成为实现自由和生产自由的条件的可能性。

文化的物质生产力是指自然科学和社会科学等理论知识转化为物质资料生产技术的能力，即推动物质生产力水平的不断提高、为人类带来更多物质财富的能力。

文化的社会发展力是指社会科学和哲学等理论知识转化为能够推动社会发展的各种制度的能力，即促进社会发展和文明进步、为人类带来更多自由的能力。

文化的精神生产力是指所有文化内容促进个人精神结构和公共精神结构发展的能力，即为人的自由而全面发展以及社会进步创造条件的能力。

人的一切有意识的活动，不仅是自由本身，而且必然以自由为目的，即人的一切活动，与自由相关。文化是精神劳动的产物，文化生产是精神自由的存在方式，文化是精神自由的产物，人类创造文化，是为了实现自由，生产或扩大再生产自由，文化成为自由得以实现以及再生产的条件，文化因此具有价值，成为人类所需要的利益。

**（二）文化生产力的完善要素**

1. 文化的物质生产力水平的完善。文化的物质生产力水平的完善是对文化转化为物质生产力的能力提出的伦理要求。文化的物质生产力水平完善是指自然科学和社会科学等理论知识，应该尽可能具有转化为物质资料生产技术的可能，从而推动物质生产力水平的不断提高，为人类带来更多的物质资源

依据人的行为方式，可以将自由划分为生理自由、基础自由、消极自由、积极自由等几种类型。依据行为发生的先后顺序，可以将自由划分为意识自由和行动自由两类。意识自由也称为精神自由、思想自由，是指人的意识的自觉活动，以各种存在为对象进行感觉、认知、判断、

思考、综合分析、逻辑推理并获得各种认知结果的活动，或通过想象或规划的方式进行艺术创造或技术设计，其范围限定在精神领域，是意识能动性的工作状态。消极自由和积极自由的前提是生理自由和基础自由，行动自由的前提是意识自由，但是无论是生理自由、基础自由、消极自由、积极自由，还是意识自由和行动自由，都以物质资料为基本条件，物质资料指物质生活资料和物质生产资料，人的任何自由都以一定的物质资料作为前提条件，物质资料是自由的第一条件。物质资料越丰富，人类获得自由的可能性就越大。自然科学和社会科学等理论知识，应该尽可能具有转化为物质资料生产力的可能，从而推动物质生产力水平的不断提高，为人类带来更多的物质财富，为人类实现自由和扩大自由创造更多的条件。

2. 文化的制度生产力水平的完善。文化的制度生产力水平的完善是对文化转化为优良社会制度的能力提出的伦理要求。文化的制度生产力水平的完善是指自然科学、社会科学和哲学等理论知识，应该尽可能具有转化为推动社会发展的有效制度的能力，这些制度不仅能够促进人的自由而全面发展，推动社会不断进步，对社会生产和生活进行科学管理，而且能够维护正义和善良等核心价值，从而促进社会发展和文明进步，为人类带来更多自由或幸福

人类社会的行为主体有个体、家庭、社会组织、集体以及国家等，他们都拥有一定的行动自主权，权力越大，对社会发展的影响力就越大。作为公共权力代表的政府机构所实行的社会建设方法、社会治理措施以及社会管理制度，直接决定了一个社会的发展模式和发展水平。在人类发展历程中，文化的出现是一个分界线。在文化出现之前，人类的精神劳动与物质劳动没有分开，因此人类只有意识但没有思想，只有物质资料的生产而没有文化的生产，人类社会的发展模式属于原始模式或非文化模式。在精神劳动与物质劳动出现分工后，人类创造了知识、价值观、伦理、道德、艺术、信仰等。每个时代的政治组织或政府机构，选择某

些知识、价值观、伦理、道德以及信仰，创造出特定意识形态，作为社会建设、社会管理和社会治理所采用的方法。在人类社会发展的文化时代，公共权力机构所坚守的意识形态，预设了社会发展模式。社会科学和哲学等理论知识，应该尽可能具有转化为推动社会发展的有效方法的能力，从而促进社会发展和文明进步，为人类带来更多自由。

3. 文化精神生产力水平的完善。文化的精神生产力水平的完善是指所有文化内容，应该尽可能具有促进个人精神结构和公共精神结构发展的能力，增加真理知识，引导优良价值观念，维护社会正义，促进人的善良，增加人的智慧，从而为人的自由而全面发展以及社会进步创造条件

一个人所具有的情感、知识、价值观念、伦理观念、道德观念、理想、信念、信仰、艺术素养以及行为意志等精神元素，构成一个人的精神结构；社会核心价值观体系、公民道德观念体系、伦理体系、社会共同理想、社会共同信仰、社会共同艺术观念等文化因素构成社会公共精神结构。个体精神结构是一个人发展水平的衡量标准，也是一个人获得自由的最为重要的自身条件；公共精神结构是一个国家或集体的发展水平的衡量标准，也是一个人社会发展水平的文明程度标准。个体精神结构和公共精神结构的核心元素是文化，文化是建构个体精神结构和公共精神结构的基本力量。所有文化内容，应该尽可能具有促进个人精神结构和公共精神结构发展的能力，从而为人的自由而全面发展创造条件，为社会进步提供更好的文化资源。

## 五　文化关系的完善

关系是人的理性思维用来概括各种事物之间相互作用、行为之间相互作用以及事物与行为之间相互作用的过程和结果而形成的概念。所有的关系都是因果关系，人的行为与结果之间的因果关系被称为价值关

系。人类为生产或享受自由而提供条件的行为,都是价值行为,因此人为了生产或实现自由而获取价值的行动所产生的各种关系,被称为价值关系。

文化关系,是指人们在获取文化利益的过程中发生的人与人之间的关系。人们在生产自由、实现自由或享受自由的时候,需要文化作为条件,此时,为了获取文化而产生的人与人之间的关系即为文化关系。

### (一) 文化传承

文化传承是指优秀文化在人类社会发展的不同时期能够得到持续的传承。

人类的精神劳动不断创造文化,优秀文化资源是个人精神结构和社会公共精神结构不断得到完善的基本条件,优秀文化资源的积累是人与社会不断获得加速度发展的前提条件,一个时代的进步必须以历史发展过程中积累的优秀文化资源为基础,正是在文化继承的基础上,人类才能够进行文化创新从而推动人和社会的发展,没有文化继承,人类的精神劳动只能是停留在出发点的重复劳动。一个社会良好的文化关系,首先体现为文化传承关系的保持,优秀传统文化得到传承是一个国家可持续发展的前提条件。

### (二) 文化保护

文化保护是指优秀文化应该得到各种社会力量的保护。

能够保护文化的社会主体包括个人、组织、集体以及国家。个人、组织、集体以及国家都有自己的利益需求,无论文化是否能够满足个人、组织、集体以及国家的某种利益需求,只要这种文化被判定为具有某种价值,就应该得到保护,而不是被毁灭。文化的价值不仅在于它能够成为人类获得自由的条件,而且在于它本身,即文化本身就是人类精神自由的存在形式,是人类自由的象征。优秀文化与个人、组织、集体以及国家之间应该存在保护关系，人类保护文化就是保护自由本身。

### （三）文化平等

文化平等是指被判定为无损于人类利益的文化，相互之间的关系是平等的，皆具有平等的社会地位。

在不同的时间与空间，不同的国家或地区，不同的种族或群体，必然存在各种不同内容和形式的文化，它们都是人类精神劳动的产物，是不同社会主体实现自由和生产自由的条件。只要这些文化被实践证明对于人类自由没有造成损害，就应该受到尊重，由此而形成文化平等关系。文化之间的平等关系是一个社会文化生态的良性状态，多元文化和谐共存、平等交流，为文化交流和融合创造条件，从而成为文化发展的有利因素。在人类发展历史上，每一次的文化交流和融合都促进了人类文明的进步。

### （四）文化开放

文化开放是指一个国家或地区的文化与其他国家和地区的文化之间彼此开放，相互交流。

个人和公共精神结构的完善需要文化创新，只有进行文化创新才能够不断推动知识进步，促进思想观念的完善，创造出优美的艺术作品。文化创新的一个重要条件就是文化开放和文化交流。一个国家或地区的文化对外开放，实现跨文化交流，可以为精神生产获得新的文化资源创造条件。良好的文化关系一定是文化开放后形成的文化交流关系，文化封闭的最终结果必然是文化守旧，文化会因此失去新鲜因素，精神劳动也将成为重复劳动，个人精神结构和公共精神结构失去进步动力，人与社会的发展失去历史机遇，往往会导致知识陈旧、技术落后、思想僵化、观念愚昧，教训极为深刻，后果极为惨烈。因此，文化关系的开放准则是文化完善准则的重要准则。

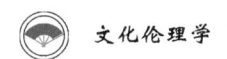

### （五）文化平衡

文化平衡是指一个国家在各个地区和人群之间合理分布文化资源，形成文化平衡关系。

文化资源分布的不均衡是社会常态，但是却不符合文化伦理的完善准则。社会管理制度、自然条件、人口素养、教育投入等因素不同，都有可能导致一个国家的不同地区和不同人群所能够获得的文化资源不均等。在人类进入文化时代后，文化资源成为人和社会发展的根本条件。一个地区的社会综合发展水平与这个地区所能够获得的文化资源直接相关，人的文化素养与他所接受的教育即他所能够获得的文化资源直接相关，知识改变命运，文化改变社会。一个国家在进行社会建设时，应该通过公共制度设计等方式，尽可能消除文化资源分布的贫富不均状况，形成整个社会的文化平衡关系。在文化时代，文化不平等是产生其他不平等的重要原因，也是很多人无法获得发展机会的根源。

# 附　录

## 《可爱的中国》节选[①]

### 方志敏

朋友，我相信，到那时，到处都是活跃跃的创造，到处都是日新月异的进步，欢歌将代替了悲叹，笑脸将代替了哭脸，富裕将代替了贫穷，康健将代替了疾苦，智慧将代替了愚昧，友爱将代替了仇杀，生之快乐将代替了死之悲伤，明媚的花园将代替了凄凉的荒地！这时，我们民族就可以无愧色地立在人类的面前，而生育我们的母亲，也会最美丽地装

---

① 方志敏：《可爱的中国》，北方文艺出版社2022年版，第23—24页。

饰起来，与世界上各位母亲平等地携手了。

啊！我虽然不能实际地为中国奋斗，为中华民族奋斗，但我的心总是日夜祷祝着中华民族在帝国主义羁绊之下解放出来之早日成功！假如我还能生存，那我生存一天就要为中国呼喊一天；假如我不能生存——死了，我流血的地方，或者我瘗骨的地方，或许会长出一朵可爱的花来，这朵花你们就看作是我的精诚的寄托吧！在微风的吹拂中，如果那朵花是上下点头，那就可视为我对于为中华民族解放奋斗的爱国志士们在致以热诚的敬礼；如果那朵花是左右摇摆，那就可视为我在提劲儿唱着革命之歌，鼓励战士们前进啦！

# 第七章

# 文化伦理的正义准则

完善是正义的前提,正义来自完善,没有完善作为前提,正义将失去根基。离开完善准则,一切正义都将成为不可言说的空洞概念。任何正义观念一定是以某种关于事物的完善观念或理想标准作为前提,这是伦理的理性秩序,也是行为过程必然存在的思维规律。伦理思想的分歧都是由于完善标准以及正义准则的差异导致的理论结果。所有伦理分歧的起点不是正义,而是根源于人们对于"人和世界应该如何才是完善或至善"这一问题看法的不同。

## 一 正义与正义准则

伦理的正义,是行为的正当属性,是指社会主体在各种价值关系中获取自由所需条件的行为的正当性以及社会主体享有自由的方式的正当性。正义的本质是个人、社会组织、政府机构以及国家等获取利益的行为的正当性。伦理的正义原则,是指社会主体在各种价值关系中获取自由所需条件的行为应该符合正当性标准这一原则要求。简要表述就是:伦理的正义原则是指伦理对个人、组织、国家等主体获取各种利益的行为提出的应该遵循的基本原则,即所有获取利益的行为应该具有正当性。正义原则不同于正义,正义是行为结果体现的正当与否的属性,正义原则是对所有行为的共同要求。

# 第七章 文化伦理的正义准则

文化伦理的正义，是文化行为的正当属性，是指社会主体为获取各种利益而进行的文化行为的正当性。伦理原则与具体实践活动相结合，产生特定实践领域的伦理准则。文化伦理的正义准则，是指社会主体为获取各种利益而进行的文化行为应该符合正当性标准这一原则要求。个人、组织、国家等主体通过文化行为获取各种利益，满足各自需求，伦理对此类文化行为提出要求，以各种准则规范文化行为，引导文化行为，赋予文化行为正当属性。

文化伦理的正义准则以文化伦理的完善准则为前提。文化伦理的完善准则由五个基本准则构成：人的完善、社会的完善、文化内容的完善、文化生产力的完善、文化关系的完善。文化伦理的正义准则由六个基本准则构成：文化自由主义准则、文化集体主义准则、文化科学主义准则、文化功利主义准则、文化契约主义准则、文化人本主义准则。文化自由主义准则与文化人本主义准则来自文化伦理的人的完善准则；文化集体主义准则来自文化伦理的社会完善准则；文化科学主义准则来自文化内容的完善准则；文化功利主义准则来自文化伦理的文化生产力完善准则；文化契约主义准则来自文化伦理的文化关系完善准则。文化伦理正义准则的最终目的是实现人的完善，因此，在文化伦理的正义准则体系中，文化自由主义准则和文化人本主义准则是核心准则。

在各种行为中运用准则，产生行为规则。准则是某个行为领域的所有行为都需要遵循的共同规范，规则是某个领域内各种具体行为所要遵循的规定。在适用对象的范围方面，原则、准则、规则三者之间的关系是由大到小的包含关系：伦理原则只有两个即完善原则与正义原则；伦理准则是完善原则与正义原则在不同社会生活领域的运用，各个不同生活领域所有行为共同遵循的完善原则和正义原则成为该领域的完善准则和正义准则；伦理规则的设立依据是准则，是依据伦理完善准则和正义准则对具体行为进行规定而形成的行为标准。

规则是人类理性思维为思想和行动设置的指引标识。依据准则的功能或用途，可以将准则划分为两大类即实用规则与评价规则。实用规则分为管理规则、游戏规则、技术规则、计量规则、计算规则。管理规则是社会事务管理行为所遵循的规定，制度、法律、纪律、行政许可等属于管理规则；游戏规则是指各种游戏与娱乐行为的规则，通过各种规则设计某种游戏，通过游戏获得快乐或其他体验，如网络游戏规则、竞技运动规则等；技术规则是指依据客观规律为解决问题的行为设计的科学规则，技术规则的本质是行为方法的标准化，如驾驶规则、机器生产操作规程等；计量规则是指度、量、衡标准，是人类为标记数量、质量、时间、空间等不同事物存在状态设计的认知标准；计算规则是人类为计算事物之间的关系状况而设计的规则，数字以及数学公式等属于此类。正义规则属于评价规则，是实践理性为行为善恶设计的评价标准，以此引导人们追求正义，拒绝不正义，从而让世界变得更加完善和美好。规则是人类的伟大发明，使得文明成为可能，人类社会以规则为基础，规则的本质是人类思维为各种关系中人的意识和行为设置的确定性指引。

制度和法律属于管理规则，因此任何制度和法律都不是正义本身，而是要接受正义规则的评价和引导。法律条文是对于社会主体权利与义务的规定，表达形式可以是肯定性陈述，也可以是否定性陈述，以否定性陈述居多，因为遵循的准则是"法无禁止则自由"。伦理正义准则的表达形式有两种，一是肯定性表达，二是否定性表达。每一个伦理正义规则的肯定性表达，都对应一个否定性表达，前者是正义的标准，后者是不正义的标准。判断一种规则是否属于伦理的正义规则，可以参照一个反向标准，这个标准是：那些违背了这个规则的行为是否可以被判定为不正义，如果违背了这个规则的行为无法被判定为是否正义，那么这个规则属于实用规则即管理规则、游戏规则、技术规则、计量规则、计算规则等，而不是正义规则。正义规则的表达形式既有肯定性陈述，又有否定性陈述，肯定形式的正义规则指明了行为的向善方向；否定形式的正义规则指明了行为不善的边界,它不一定能引导行为向善,但是明确了正义与不正义的分界线,告诫人不要作恶。

## 二 文化正义的自由准则

文化正义的自由准则是以文化伦理关于人的完善准则以及社会总体完善准则为前提而形成的。

文化正义的自由准则之一:积极准则。文化正义的积极准则是指:所有能够促进个人和社会完善从而增加人类自由的文化行为属于正义的行为。

积极自由准则产生于人类追求自由的必然性。人的一切活动,必定与自由相关,要么是增加自由,要么是实现或享有自由,要么是为增加和享有自由而创造所需条件。人为了获得自由而行动的过程是自由的体现,自由的行动是生产自由和享有自由的条件,因此,人能够享有的自由与他能够生产或增加的自由之间存在正向关联关系,人拥有自由越多,就有可能生产更多的自由。文化是实现自由和增加自由的条件,文化的丰富与发达程度和人类享有自由的程度直接相关。文化不仅为人类享受自由提供条件,而且为人类创造更多自由提供条件。对于个人而言,拥有更多文化资源的人,不仅能够获得更多的享有精神自由的方式,而且可以凭借文化资源获得更多的物质财富。精神结构的完善是文化资源转化成人力资源的结果,精神结构完善不仅是个人获得幸福的基本条件,也是社会发展必需的主体条件,人的发展和社会进步,最终依赖于人的发展与完善,文化是人的发展与完善的基本条件。

文化正义的自由准则之二:消极准则。文化正义的消极准则是指:只要没有损害他人的正当利益,所有文化行为都是正当的行为。

文化正义的消极准则和积极准则的产生依据,都是人类追求自由的必然性,二者的区别在于:积极准则的作用是引导人类为增加自由而积极创造条件;消极准则的作用是尽量减少那些妨碍他人自由的干涉行为。

在追求自由的过程中，只要个人、组织、公共机构乃至国家的文化行为没有损害他人的正当利益，其行为就应该得到尊重和保护，而不应该受到任何力量的干涉或限制。所谓正当利益，是一个时代一定社会中人们对于何为正当利益的共识，因此，这些共识是人类文明的基础。不同时代对于正当利益的认定标准存在差异，但是任何时代都不能没有关于何为正当利益的基本共识，正当利益共识是人类文明存续发展的前提。

文化正义的积极准则运用于文化价值关系从而对人的行为进行规范和引导，产生了文化正义自由准则的积极要求。文化正义自由准则的积极要求是指：所有主体即个人、组织、公共机构和国家所进行的文化活动都应该能够促进个人和社会的不断发展与完善从而增加人类自由。

这个准则的依据是人类追求自由的必然性，是由"所有能够促进个人和社会完善从而增加人类自由的文化行为属于正义的行为"这一准则引申而来，基于文化正义的积极准则对人的行为提出要求和规范。在明确了文化正义的积极准则的前提下，对个人、组织、公共机构和国家等主体的文化行为提出积极要求，从而确定文化行为的目标，引导文化行为。

文化正义的消极准则运用于文化价值关系从而对人的行为进行规范和引导，产生了文化正义自由准则的消极要求。文化正义自由准则的消极要求是指：所有主体即个人、组织、公共机构和国家，应该尊重其他主体的正当文化自由，不应该干涉或阻碍那些没有损害他人正当利益的文化行为。

这个准则的依据是人类追求自由的必然性，是由"只要没有损害他人的正当利益，所有文化行为都是正当的行为"这一准则引申而来，基于文化正义的消极准则对人的行为提出要求和规范。在明确了文化正义的消极准则的前提下，对个人、组织、公共机构和国家等主体的文化行为提出消极要求，从而尽量减少那些妨碍他人自由的干涉行为。阻碍人类获得自由的因素主要有自然因素和人为因素，自然因素以自然规律的客观必然性成为阻碍人类获得自由的因素，当人类能够充分认识自然规律并积极利用自然规律为自己服务时，自然因素就转化为人类自由的支持条件。阻碍人类获得自由的人为因素主要体现为个人干涉和公共干涉两种方式。公共干涉是指各种社会组织以及公共机构对自由的干涉行为。相对于个人而言，社会组织和公共机构拥有较多的政治、经济以及文化资源，从而拥有较大的权力，当这些权力被用来干涉各种文化行为的时候，应该依据文化正义的积极准则和消极准则，合理确定文化管理所涉及的范围和正当边界。

## 三 文化正义的先进准则

文化正义的先进准则以文化伦理关于文化内容的完善准则为前提而形成。

文化正义的先进准则是指：所有生产、传播和消费先进文化的行为，都属于正义的行为；所有文化主体在进行文化生产、文化传播和文化消费行动时，生产、传播和消费落后文化的行为属于不正当的文化行为。

文化正义的先进准则运用于文化价值关系从而对人的行为进行规范和引导，产生了文化正义先进准则的要求。文化正义先进准则的要求是：所有文化主体在进行文化生产、文化传播和文化消费行动时，应该生产、传播和消费先进文化，以生产、传播和消费先进文化作为自己不可推卸的社会责任；所有文化主体在进行文化生产、文化传播和文化消费行动时，不应该生产、传播和消费落后文化，或者说，文化主体应该这样行动：在已经知道文化先进与落后的评判标准的前提下，不能允许负载落后文化信息的文化文本进入文化的生产环节、传播环节和消费环节。

什么样的文化是先进文化？区分文化先进与落后的标准是什么？文化主要分为知识、艺术、哲学等形式。知识是人类对于客观世界理性认知的理论形式以及行为方法的设计；艺术是人类加工生活经验，通过想象、虚构和再创造等方式再现生活记忆和生活憧憬，表达各种情感、价值观念、伦理、理想、信念、信仰以及审美等精神元素。哲学是关于世界观、方法论、价值观念、伦理观念、道德观念、理想、信念、信仰等问题的一般知识及其内在逻辑的叙述。判断文化的先进性需要依据三个基本标准：科学标准、人的精神结构完善标准以及生产力标准。科学标准是指文化内容是否具有科学性，是否达到了人类社会发展最先进的科学水平，是否坚守科学真理的立场。人的精神结构完善标准是指文化内容所包含的精神元素是否有利于个人精神结构的完善，是否能够促进社会公共精神结构的完善，从而促进每个人自由而全面发展，将人与人之间互为发展条件的观念植根在个人和公共精神结构中。生产力标准包括物质生产力标准和制度生产力标准。物质生产是人类社会存在的基础，物质条件是人类进行精神生产、兑现各种自由所必需的基本条件，生产力落后不仅会限制精神生产，而且使得文化传播和文化消费缺乏必要的条件支持。物质生产力落后导致的公众生活艰难和贫困境遇，足以刺痛每一颗善良的心，也促使无数仁人志士为改变贫穷落后而奋斗不止。先进的文化是那些运用于物质生产实践中并能够提高物质生产力的文化，是那些能够满足人类物质生活需求、远离贫穷的文化，是那些能够转化为科学技术造福大众的文化。制度生产力是指文化内容转化为优良社会制度、生产出优良社会制度的能力。先进文化所产生的优良社会制度，不仅能够促进文明的进步，而且能够促进最广大人民的最大利益的增长，文化所产生的社会制度具有人民立场，能够造福人民。先进文化与其他文化共存，构成文化多样性。但是只要承认人类文明的进步趋势，只要承认人类的物质生产力、精神生产力以及人的精神结构的完善有发展的必要和可能，就必然形成文化先进与否的观念。人类社会的发展和历史进步，建立在不断追求先进文化、不断进行文化创新并将先进文化运用于人的完善和社会发展的基础上，先进文化是人类进步的思想先驱。

## 四 文化正义的契约准则

文化正义的契约准则以文化伦理关于文化关系的完善准则为前提而

形成。

文化正义的契约准则之一：以契约方式产生文化价值关系。以行为主体的自由、自主、自觉、自愿为基础，形成某种契约，明确彼此的权利与义务，由此产生和维持的文化价值关系属于正当的文化关系；在没有达成契约的前提下，违背行为主体的自由、自主、自觉、自愿而产生和维持的文化价值关系，属于不正当的文化关系。

文化正义的契约准则之二：遵守契约。文化价值关系中遵守契约的行为是正义的行为，违背契约的行为是不正义的行为。

文化正义的契约准则运用于文化价值关系从而对人的行为进行规范和引导，产生了文化正义契约准则的要求。文化正义契约准则的要求体现在两个方面。文化正义契约准则的要求之一：所有行为主体应该以本人的自由、自主、自觉、自愿为前提与他人和各种社会组织、公共机构之间达成某种契约，依据契约建立或维持彼此之间的文化价值关系。

个人与他人之间、个人与社会组织和公共机构之间，基于彼此的自愿参与、自主判断，自主决策是否参与、建立或维系某种文化关系。任何人、任何组织和机构，都不应该通过引诱、控制、成瘾、欺骗、胁迫等手段减弱行为主体的独立思考能力和分辨能力而建立某种文化关系。或者说，文化主体应该这样行动：文化价值关系中的行为主体，必须尊重文化价值关系中其他文化主体的自由，在文化主体自主、自觉和自愿的前提下与其发生文化价值关系，绝不能通过引诱、控制、成瘾、欺骗、胁迫等手段试图减弱文化主体的独立思考能力和分辨能力从而获得一己之利。

文化价值关系参与主体的自由，是指其意志自由和行动自由。人的自由受到各种物质条件和精神条件的制约，但是文化主体不应该有意识地、有目的地、有计划地对其他文化行为主体的自由施加限制，不能通过限制其他文化主体自由的方式将他人当作实现文化利益的工具。文化行为主体的自主，是指文化行为主体是否参与文化价值关系，是否参与文化生产、流通、交换以及消费的过程，由本人自主决定，不受他人或其他任何力量的胁迫。文化行为主体的自觉，是指文化行为主体在理性思考的前提下进行文化认知，做出事实判断、价值判断、行为善恶判断、艺术与审美判断等，以理性思考的结果作为是否参与文化的生产、流通、交换以及消费的决策基础，作为是否接纳文化信息的决策前提。自愿，是指文化行为主体是否参与文化文本生产、流通、交换以及消费的过程，是否接纳文化文本的信息输入，主要是出于他的精神存在需求和精神发展需求，出于心灵对于文化的渴望，而不是被其他利益关系主宰，或者被外在力量所压制而成为各种文化权力获取利益的手段。

文化正义契约准则的要求之二：所有行为主体都应该遵守文化契约。

文化价值关系的契约一旦形成，所有参与到文化价值关系中的行为主体都应该遵循契约；如果行为人不愿意遵守契约，就应该退出契约订立者之间的文化价值关系，不应该以违背契约的方式继续在文化价值关系中获取文化利益。

文化契约是通过文化主体间平等的价值关系并经由商谈的方式达成共识而产生，以成文或不成文的契约形式表达共识，将其作为文化行为的共同约定，明确各自权利和义务，以共同认可的规则获取各自的文化利益。因此，遵守契约是文化价值关系存在的基础，是文化正义的契约准则对于文化主体行为的基本要求。人们通过契约确定彼此在价值关系中享有的合法权利以及需要承担的伦理义务，契约的本质是对于某些规则形成共识，在尊重行为主体的自由、自主、自觉和自愿前提下遵守彼此的某种约定，从而以共同约定的规则规范各自的行为。遵守契约是现代社会伦理进步的标志。

## 五　文化正义的公平准则

文化正义的公平准则以文化伦理关于文化关系的完善准则为前提而形成。

## 第七章 文化伦理的正义准则

文化正义的公平准则是指：所有促进文化资源共享的行为，属于正义的行为。

文化正义的公平准则的意义，在于解决文化资源分布状态的两种不平衡现象。不平衡现象之一是文化权力在不同主体之间分配的不平衡。文化权力主体分为文化权力个人主体和文化权力组织主体。文化权力组织主体主要有文化权力公共组织主体、文化权力商业组织主体、文化权力教育组织主体以及文化权力家庭主体等。文化权力在不同主体之间的分布并不均衡：公共权力机构拥有的文化权力很可能大于个人文化权力；商业组织因为其强大的经济实力而可能拥有更多的文化权力；教育组织机构因为其文化生产、传播以及消费环节受到公共权力以及商业资本的支持而具有强大的文化权力，拥有文化权力的教育施行主体以及教育接受主体集中在教育组织之内，形成强大的文化合力。相对而言，文化权力的个人主体拥有的文化资源数量、文化权力运用范围以及文化权力的影响力度，都不可能与文化权力组织主体相抗衡，由此造成文化权力分布不均衡现象，这种现象存在一定的社会隐患，在人类历史上曾经造成了巨大文化灾难和思想悲剧，最终影响到人类文明的进程。文化权力一旦形成垄断，有可能成为精神自由的阻碍因素，削弱人的独立思考能力。

不平衡现象之二是文化利益分配的不均衡。由于历史与现实因素、区域发展水平差异以及物质条件等原因，社会资源的分配存在各种不均衡现象。就全球而言，不同国家和地区之间的文明发展水平不同；就我国而言，不同区域之间的发展水平不平衡，发达地区与欠发达地区的差距较大。对于那些没有很多机会接触到文化资源的个体而言，由于文化水平低而限制了他们进一步接受更多文化信息的能力，由此形成恶性循环。人类文明的进步，最终依赖于社会个体文化水平的提升和精神结构的完善。我们要通过遵循文化公平准则，在社会公众中尽可能进行文化利益的公平分配，将更多的人纳入改善精神结构的行动中，让每一个人都尽可能通过文化条件的改善而获得更多自由,获得更多的发展机会。

文化正义的公平准则运用于文化价值关系从而对人的行为进行规范和引导,产生了文化正义公平准则的要求。文化正义公平准则的要求是:所有人应该在力所能及的范围内,推进文化成果共享,让更多的人获得更多的文化利益;任何谋求文化霸权、不允许其他文化主体独立思考或自主进行文化选择的行为,都是违背文化公平准则的行为。

文化正义的公平准则是对于文化价值关系中各种文化权力的约束。它要求任何个人和组织不应该追求文化权力垄断,不应该谋求文化霸权,在自身拥有比其他主体更多的文化权力时,尊重弱势主体独立思考的权利、自主选择文化的权利、自主决定是否参与文化契约关系的权利;它要求文化机构进行文化资源分配时,突破阶层、地域以及物质条件限制,尽量扩大文化利益覆盖范围,向那些文化生产能力和文化接受能力较低的社会个体或群体实行文化倾斜策略;尽可能将更多的人纳入文化生产、传播与消费环节,提升每个人的文化生产能力和消费能力,提升全民受教育程度,在社会公众中尽量公平分配文化资源,为所有人创造获得更多享受文化利益的机会。

## 六 文化正义的功利准则

文化正义的功利准则以文化伦理关于文化生产力水平的完善准则为依据而形成。

文化正义的功利准则是指:所有通过文化的生产、传播与消费而产生精神利益、物质利益和制度利益的行为,属于正义的行为;因为文化的生产、传播与消费而损害正当的精神利益、物质利益和制度利益的行为属于不正义的行为。

不同文化内容生产利益的能力并不相同,并不是所有文化都能转化为利益。在人类社会发展过程中,有些文化昙花一现,可有可无,有的文化给人类带来的利益很少，有的文化会给人类带来巨大灾难，有的文化成为主宰人类命运、改变社会发展方式的核心力量。文化拥有多大的建设力量，也就有可能具有多大的破坏力量，自由就是力量，任何力量都有两面性，一是建设性，二是破坏性，文化作为自由本身以及实现自由和生产自由的条件，需要遵循伦理的完善原则与正义原则，不断增加自由而不是减少人类获得自由的可能性。

文化的利益生产能力被称为文化生产力，文化产生物质利益的能力被称为文化的物质生产力；文化产生制度利益的能力被称为文化的制度生产力；文化产生精神利益的能力被称为文化的精神生产力。文化正义的功利准则运用于文化价值关系从而对人的行为进行规范和引导，产生了文化正义功利准则的要求。

文化正义功利准则的要求之一：任何个人、组织和公共机构在进行文化活动时，应该尽可能地运用文化资源推动物质生产力水平的不断提高，为人类带来更多的物质财富；应该尽可能运用文化资源设计更加完善的社会制度，这些制度不仅能够促进人的自由而全面发展，推动社会不断进步，对社会生产和生活进行科学管理，而且能够维护正义和善良等核心价值，从而促进社会发展和文明进步，为人类带来更多自由或幸福；应该尽可能运用文化资源促进个人精神结构和公共精神结构的发展，增加真理知识，引导优良价值观念，维护社会正义，促进人的善良，增加人的智慧，从而为人的自由而全面发展以及社会进步创造条件。

文化正义功利准则的要求之二：任何个人、组织和公共机构在进行文化活动时，都不应该因为自身的文化活动阻碍物质生产力水平的提高；不应该设计出不合理的社会制度而损害人的发展和社会进步；不应该阻碍个人精神结构和公共精神结构的完善。

人类创造文化的过程是自由自觉的活动过程，人类创造文化的目的是享有自由和增加自由，这是文化初心。任何个人、社会组织以及公共机构在进行文化活动时,都应该遵循文化正义的功利准则,促进物质生产力水平的不断提高,设计更加科学、有效、正义的社会制度,引导个人精神结构和公共精神结构趋向于完善,即任何文化活动,都应该有明确的功利目标。违背文化正义的功利准则的文化行为主要有以下三类:一是文化行为无法产生物质利益、制度利益或精神利益,这样的文化行为只会浪费文化资源;二是文化行为阻碍人类获得正当的物质利益、制度利益和精神利益,这样的文化行为具有反人类、反正义属性;三是文化行为只为个人谋利益而没有增加公共利益,这种文化行为缺少对于文化的尊重,失去了文化初心,没有崇高的文化信仰,只是将文化当作谋取私利甚至是不正当个人利益的工具。无论此类行为主体通过什么手段获得什么样的社会地位和物质财富,终究属于失去文化初心、违背正义的人,无法自立于文化人行列。

## 七 文化正义的善良准则

文化正义的善良准则要求所有文化行动者在进行各种文化活动时,要保持文化初心,反思本人的文化意图,从善意开始,以善意引导和规范自己的文化行动,从而获得善的结果。

文化正义的善良准则是指:那些以促进人的自由而全面发展、推动社会进步为目标的文化意识属于善良文化意识和正义的文化意识;那些以损害人的自由而全面发展、阻碍社会进步为目标的文化意识属于不善良和不正义的文化意识;那些不以人的自由而全面发展以及社会进步为目标、只是将文化作为获取个人利益工具的文化意识,属于不正义的文化意识。

文化意愿的善良与善良意志有一定联系,但是二者有根本区别。什么是善良意志?"善良意志,并不因它所促成的事物而善,并不因它期望的事物而善,也不因它善于达到预定的目标而善,而仅是由于意愿而善,它是自在的善。并且,就它自身来看,它自为地就是无比高贵。任何为了满足一种爱好而产生的东西,甚至所有爱好的总和,都不能望其项背。"① 可见,在康德看来,善良意志只是因为自身意愿为善,不需要任何结果来证明,是自足的无条件的善。但是文化意愿的善良与此不同。文化意愿的善良是有条件的,这个条件就是人在进行文化活动时所预期的结果,即文化意愿是否善良,是基于个人文化行动的目的预期而进行的评价。文化正义的善良准则运用于文化价值关系从而对人的文化意识进行规范和引导,产生了文化正义善良准则的伦理要求。

文化正义的善良准则的要求是:任何人进行文化活动都应该出于善良的意愿,以促进人的自由而全面发展、推动社会进步为目标而进行文化活动。或者说,文化资本主体应该这样行动:无论为了实现什么样的目标,采取什么样的方法,首先要通过理性的方式审查自己的意愿是善的意愿还是恶的意愿,不能以自设标准为判断依据,要依据文化行动所预期的结果进行判定。任何人进行文化活动时都应该坚守文化底线,即不能通过文化行动作恶,不能因为自己的文化行动而祸害众生。

# 附　录

## 通过契约的正义[②]

既然自爱是生存的本能,个人利益是主要的生存手段,那么,自爱、自利如何才能转化为仁爱、利人,个人如何才能献身于整体和公益,就成为必须研究和回答的一个重大问题。卢梭的社会契约论就包含着解决这个问题的原则。社会契约论体现了卢梭的社会伦理学,也就是他的伦

---

① [德]伊曼努尔·康德:《道德形而上学原理》,苗力田译,上海人民出版社2012年版,第7页。
② 宋希仁主编:《西方伦理思想史》(第2版),中国人民大学出版社2010年版,第266—269页。

理学。在卢梭时代的法国，放在第一位的是社会政治问题，道德就是政治。卢梭《社会契约论》的主题就是要探讨在社会秩序中，能不能有某种合法的既合乎正义的而又确切的切实可行的政治规则，使正义与功利二者不至有所分歧。卢梭的社会契约论就是要寻求一种结合的方式，使它能以一种共同的力量来保障每个结合者的利益，并且由于这一结合而使每个与全体相联合的个人又只是在服从自己本人，像以前一样地保持自由。这样的结合方式归结为一句话就是：每个结合者及其自身的一切权利全部转让给整个的集体。这样，每个人都以其全部力量共同置于公意的最高指导之下。这样的结合就是一个道德的共同体，一个"公共的大我""公共人格"。这种社会契约以大我的生命和意志代替了小我的生命和意志，并且在利益关系中遵守相互的权利和义务，从而实现正义与和平。

在卢梭看来，奴隶制之所以不合人性，就在于它规定一方具有绝对权利，另一方只有无限的服从义务。那么，什么是合理的、合乎人性的生存方式？卢梭认为，合理的、合乎人性的生存方式只能是权利与义务相统一的生存方式，它由众人的力量汇合成一个合力，个人既致力于这个合力，又不妨碍自己的利益；既能保障个人的权利，又能实现个人对他人和社会的义务。社会秩序应建立在自由的基础上，自由是人维护自身生存的首要法则。人的本性是自由的，只是为了自己的利益才转让自由，强权之下没有道德可言。放弃自由就是放弃做人的权利，取消了自己意志的自由也就取消了自己行为的道德性。很显然，个人的自由和权利是道德的基础和前提，合理的、公正的社会必须保证个人的自由和权利。在卢梭看来，社会契约所包含的道德关系，体现着个别意志、团体意志和人民意志的关系。个别意志倾向于个人利益；团体意志对国家整体而言是特殊意志，因而倾向于特殊利益；人民意志就是公共利益。按照自然秩序来说，个人意志高于一切，团体意志次之，全体意志最次。按照这种秩序，每个人首先顾及的是个人利益，其他一切都要服从个人。

但是，在良好的社会里，社会的秩序则相反，作为主权者的全体人民的意志和公共利益就是最高目标，人民的意志就是"衡量其他一切意志的标准"，其次是团体意志，最次是个别意志。个人意志要服从人民的意志和公共利益。因为"公意永远是公正的，而且永远以公共利益为依归"。

卢梭认为，契约中包含着公众与个人之间的关系和相互规约。在这种规约中，每个个人都被两种关系制约着：一是个人对主权者的利益关系；二是个人对国家的义务关系。利害和义务关系迫使缔约者双方同样地要彼此互助，力求在这种双重关系之下把一切有关于此的利益都结合在一起。如果说在自然状态下只有自然的自由，那么在社会状态下正确处理个人与公众的关系，就是社会的自由。如果人们能凭理性自己为自己立法，自己又遵法而行，这就是道德的自由。这样的社会契约，就能使人与人之间在权利上达到平等，并得到个人所应得到和能得到的自由。社会契约论的宗旨是要实现两方面的统一，即实现个人意志和人民意志、个人利益和社会利益、权利和义务、强制与自由的统一，以保证社会的平等和公正。

卢梭看到社会利益变化的一个趋势：当社会团结的纽带开始松弛，国家开始削弱时，当个人利益被人重视而一些"小社会"开始影响"大社会"时，公共利益就起了变化，并且出现了对立面。这时的公意就只是个别意志或小团体的特殊意志，而不再是公共意志或人民意志，公意就被吞没。所以，要维护社会的统一，就必须使个人利益服从公意，即以公共利益为依归，卢梭在这里所说的"公意"不是"众意"。"众意"是众多个别意志的总和；公意则是公共利益、整体利益的代表，卢梭认为，公共利益并不是个人利益的简单相加或总和，作为一个共同体，它是一种"化合物"，而不是"混合物"。他说："公共的利害不仅仅是人利害的总和，像是在一种简单的集合体里那样，而应该说是存在于把他们结合在一起的那种联系之中，它会大于那种总和；并且永远不是公共福祉建立在个体的幸福之上，反而是公共福祉才能成为个体幸福的源泉。"在卢梭看来，使个别意志得以公意化的与其说是投票的数目，不如说是把人们结合在一起的共同利益。如果说个别利益的对立使得社会的建立成为必要，那么，正是这些个别利益的一致使得社会的建立成为可能。这就是正义和利益的统一。

卢梭在这里所提出的，是大集体与小集体、大社会与小社会的关系问题。他认为，当众意有分歧时，公民中形成这样那样的派别，便形成以牺牲大集体为代价的小集团，这种小集团的意志对它的个别成员来说就成为"公意"，但对国家和公民的意志来说，这种小集团的公意只不过是特殊意志。而"公共利益"则体现着正义与利益的一致性，它使各种分歧意见有了公正性的根据和标准。在这个意义上，卢梭强调由社会公约而得出的第一条法律，也是唯一真正根本的法律，就是每个人在一切事物上都应该以全体的最大幸福为依归。这样，社会契约就确立了大家都遵守的并且具有平等权利的基础和原则。这种契约的约定不是君臣上下之间的约定，而是国家共同体同它的平等的各个成员之间的约定，这种约定的性状是：第一，它是合法的，因为它以契约为基础；第二，它是公平的，因为它对一切人都是共同的；第三，它是有益的，因为它是为了公共幸福的；第四，它是稳固的，因为它有公共力量和最高权力的保障。这种性状就体现了公共权力的正当性和力量。

卢梭所设想的这种社会契约，从伦理的意义上说，实际上是确立了以公共利益为社会标准，并以按照这种标准建立的社会秩序为善。在他的社会契约模型中，尽管个人转让自己的权利和自由是为了个人利益，但在加入共同体之后，仍然可能使自己的个人意志与全体意志游离、对抗。但是，公意是不可动摇的，是强制的力量。对于不自觉的人来说，社会法则就是一种约束，法律要强制他服从。凡是这样遵从法律的人，都可以成为一个好公民，但还不是道德人。对于自觉的人来说，他会把公共利益、公众的幸福作为行为的动机，自觉地同自己的违背公益的私欲作斗争，为公共利益而牺牲个人利益，履行社会义务和道德义务。这样的人就从不自觉的社会人变为自觉的社会人,也就是道德人。这是一个从自然人到社会人,再从不自觉的社会人到自觉的社会人即道德人的过程。按照卢梭的理解,也就是从"自然的自由"到"社会的自由",再到"道德的自由"的过程。

卢梭看到,实现从小我到大我的过程,就是人类自我改造的过程。这是改造人性的过程,是一个伟大的工程,也可以说是一个大革命的改造过程。他认为,敢于为一个国家、一个民族创造这个工程的人,就要有把握改造人性。这就是要把每个自身都是一个完整而孤立的整体的个人转化为一个更大整体的一部分。这个人就以一定的方式从整体里获得自己的生命与存在。这样就能改变人的素质,使之不断加强;就能使个人以作为全体的一部分的有道德的生命来代替之于自然界的生理上的生命。用卢梭的话说,就是不断抽掉人的固有自然品性的过程,自然的东西消灭得越多,所获得的力量和德性就越大。当整体等于或优于个人力量的总和时,立法也就达到了完美的程度。

# 第八章

# 文化生产的伦理规则

完善原则和正义原则,是伦理的两个基本原则。完善原则和正义原则在社会生活中的具体运用,形成某个领域的伦理准则;伦理准则应用于社会生活领域的具体行为,对某类行为进行规范和引导,形成该类行为的伦理规则。文化伦理的完善准则和正义准则是伦理的完善原则与正义原则应用于文化领域而产生的伦理准则,文化伦理的完善准则和正义准则规范文化行为,引导文化行为方式,产生文化生产的伦理规则、文化传播的伦理规则、文化消费的伦理规则以及文化立法的伦理规则。文化生产的正义规则是指:所有文化生产者进行文化生产时,应该生产优良文化;所有文化生产者都不应该生产劣质文化。

## 一 什么是优良文化

优良文化是指文化产品中的优秀文化或高品质文化,是指具有优良的内在构成要素以及高水平生产力的文化。

优良文化包括那些构成内容具有优异品质的文化,文化内容的优异表现在以下七个方面。一是高品质的知识要素,文化内容所包含的知识属于科学真理,具有高端科学水平,能够引导科学进步的正确方向。二是高品质的价值观要素,文化内容所展示的价值观,是那些能够增加人的自由和幸福、促进人的发展和社会进步的价值观,尤其是展示那些给人类带来光明和美好希望的伟大价值观。三是高品质的理想或信仰要素。文化内容所展示的理想或信仰，能够为人类确立长远进步目标以及人类命运共同体的发展理想，能够超越特定时代历史条件的限制和个人所处环境的局限，为人的发展和社会进步提供可实现的远景规划。四是高品质的伦理要素，文化内容所叙述和提倡的伦理能够引导人向善，鼓励人们坚守正义、肯定高尚；提倡社会平等、公正、和谐、文明。五是高品质的艺术水平，文化艺术作品具有高端而优良的艺术水平。艺术作品对于生活经验具有良好的再现和加工能力；具有强大的艺术感染力，即对于人的情感、情绪以及立场的影响力；艺术作品在视听方面能够给人提供愉悦和美的享受。六是高品质的意义呈现。文化内容所展示的人生意义，能够引导人的自由而全面发展，促进人的幸福，推动社会进步。七是高品质的事实陈述。文化内容所记载和叙述的人物历史、社会历史和社会现实，都应该尽可能真实而全面。任何文化内容所记载和叙述的社会历史和社会现实，都应该尽可能真实而全面，从而为个人和公共精神结构的完善、为人的自由创造条件。

优良文化包括那些具有强大生产能力的文化。一是文化具有高水平的物质生产力。自然科学和社会科学等理论知识，具有转化为物质资料生产技术的可能，从而推动物质生产力水平的不断提高，为人类带来更多的物质财富，为人类实现自由和扩大自由创造更多的条件。二是文化具有高水平的制度生产力。自然科学、社会科学和哲学等理论知识，具有转化为推动社会发展的有效制度的能力，这些制度不仅能够促进人的自由而全面发展，推动社会不断进步，对社会生产和生活进行科学管理，而且能够维护正义和善良等核心价值，从而促进社会发展和文明进步，为人类带来更多自由或幸福。三是文化具有高水平的精神生产力，文化具有高水平的促进个人精神结构和公共精神结构发展的能力，增加真理知识，引导优良价值观念，维护社会正义，促进人的善良，增加人的智慧，从而为人的自由而全面发展以及社会进步创造条件。

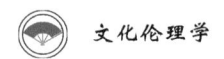

优良文化的对立面是劣质文化。什么是劣质文化？劣质文化是指文化产品中的低劣文化或低品质文化，是指不具有优良的内在构成要素、对人的自由和全面发展以及社会进步具有消极作用的文化。

劣质文化具有以下七个特征：一是反科学；二是阻碍人的发展和社会进步，削弱人的主体能动性和社会发展动力；三是将公众观念和言行导向违背伦理常识和伦理共识的反人性、反社会状态，消除个人对于伦理的思考和选择能动性，违背伦理公理；四是艺术品位低俗、腐朽，宣扬假丑恶，拒绝真善美；五是宣扬消极人生意义，阻碍人们追求积极向上、光明磊落的人生方式，将人的思想意识带入歧途，将思维带入迷茫，将人性导向邪恶，将社会带入落后和黑暗；六是歪曲历史、篡改历史，或主张历史虚无主义，或有意掩盖事实以欺骗公众；七是设计出损害人民幸福和社会进步的制度，阻碍物质生产力水平提升，给人们带来灾难。

## 二　公共机构遵守"生产优良文化"伦理规则的方式

拥有公共权力的政府机构被称为文化生产的公共权力主体。公共权力主体在进行文化生产时需要承担的伦理责任主要在于保持优良文化生产领导权以及设计优良文化生产制度。

1. 公共权力主体应当保持优良文化的生产领导权。文化领导权，是指各类主体所合法拥有的主导文化活动的权力。政府机构的文化领导权是其所拥有的公共权力的一部分，与政治领导权、经济领导权一起构成公共权力机构完整的领导权体系。作为公共权力机构，政府机构的文化领导权不是代表某个特殊利益集团或个人，而是代表广大人民，政府的文化领导权本质上是人民赋予的文化领导权。各种文化主体出于扩大自由的愿望，必然尽力为自己争取更大的文化领导权。在文化生产领域，政府机构需要设法保持自身对于优良文化生产的领导权。政府机构所要做的，不是赋予或剥夺各种主体的文化权力，而是尽力扩大自身的优良文化生产领导权的实施范围与影响力。文化生产领导权不能交给市场和商业，因为市场和商业组织的天然属性是为私人或利益团体追逐商业利益。政府机构必须保持自己对于优良文化生产的资源投入，在文化生产领域保持文化领导权，确保优良文化生产方式成为全社会文化生产方式的主导，将文化市场纳入监管之中，引导文化市场的正确发展方向。政府机构运用文化生产的领导权，引导全社会的文化生产资本投入优良文化生产，运用公共文化资本生产优良文化。

2. 公共权力主体应当通过制度设计保障优良文化生产活动。在文化生产关系中，政府机构通过制度设计，确保公共资源投入的文化生产的产品是优良文化。文化生产资本的公共权力主体在行使文化生产权力时，虽然在形式上代表公众进行集体决策，但实际运作过程是由特定责任人完成操作任务。确保公共文化资本投入优良文化生产的依据，必须是完善的优良文化生产制度。政府机构对非公共文化资本的文化生产行为进行管理和调控，依法行使权力。

政府机构通过制度管理文化生产行为，引导文化生产遵循"生产优良文化"的正当规则。政府机构拥有公共权力，代表人民行使权力进行优良文化生产，是公共权力在文化领域为人民服务的形式。只有始终保持优良文化生产的领导权和制度管理，才能确保政府机构成为发展优良文化的进步力量，而且是通过优良文化生产促进社会发展与人的进步的主导力量。政府机构拥有合法授权，掌控巨量政治资源、经济资源和人力资源，能够为文化生产投入人力、物力和资金，组织力量开发文化资源，培养优秀的精神劳动者，为文化生产提供各种物质条件和制度保障，将精神劳动从个体劳动形式转化为有组织、有计划的社会生产形式。只有生产优良文化，才能代表先进文化发展方向，才能够获得强大的社会号召力；只有生产优良文化，政府机构才能最大限度地超越特殊利益集团的价值立场，获得最广泛的公众支持。

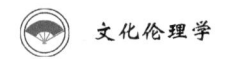

## 三 商业组织遵守"生产优良文化"伦理规则的方式

通过文化生产赚取经济利益的商业组织被称为文化生产的商业主体。文化生产的商业主体是否生产优良文化具有不确定性。如果生产优良文化产品能够为商业主体带来预期的商业利益，生产优良文化就可能成为商业主体的行为目的之一。追逐经济利益是商业主体与生俱来的社会属性，他为了商业利益而产生，否则就不会被称为商业主体。商业主体运作文化资本进行文化生产的目标是获利，如果生产优良文化产品能够给其带来预期收益，商业主体自然会加大投资进行优良文化产品的生产；反之，如果生产优良文化产品不能给商业主体带来预期收益，则商业主体出于逐利本性就有可能生产那些不属于优良文化但是却能够带来商业利益的文化产品。

1. 商业主体以生产优良文化为目标是品德高尚的行为。如果商业主体出于发展优良文化的目的而进行文化生产，将生产优良文化获得的经济利益只是作为优良文化再生产的资本，则说明商业主体的文化行为不仅符合"生产优良文化"的伦理规则要求，而且称得上是品德高尚的行为。商业主体以生产优良文化作为行动目标，以商业利益作为实现目标的手段，以此确证自身是一个高尚的商业主体、具有良好社会责任感的商业主体。如果商业主体因为生产优良文化而无法获利导致自身利益受损甚至无法完成文化生产计划，那么它为了生存而放弃优良文化生产的行为是可以被接受的。商业主体的商业利益具有合法性，在法律和伦理层面，正当商业利益都应该得到认可和宽容，获得必要保护，获取商业利益是商业主体发展的基础和动力。

2. 商业组织为获利而进行优良文化生产是正当行为。如果商业主体只是出于获取商业利润或经济利益而进行优良文化的生产，将优良文化当作获利的商品，将优良文化生产当作商业手段，将获取经济利益作为文化生产的目标，其行为依然可以被看作符合"生产优良文化"的伦理规则要求。虽然为逐利而进行优良文化生产不具备高尚属性，但是商业主体的合法经济利益应该得到保护。为逐利而进行优良文化生产，商业主体在获利的同时，文化市场也可以得到繁荣，社会精神资源得到不断丰富，人民的精神生活也可以获得更多的文化供给，这是一个通过市场机制和商业活动而推动社会物质生产力和精神生产力不断进步的实践活动，这样的商业行为是值得称道的，符合伦理规则的要求，可以给人民带来实际利益，扩展了人的自由。

3. 商业主体生产落后腐朽文化是严重违背伦理规则的行为。如果商业主体为逐利而生产落后、腐朽文化，则被视为违背"生产优良文化"伦理规则。在市场经济体制下，商业资本以生产文化获取经济利益的目的属于正当目的，但是目的正当性不能证明手段的正当性。任何生产落后或腐朽文化而获取利益的行为都属于不正当行为，此类行为将他人当作实现目的的手段或工具，为了实现私利而损害人的精神结构、损害公共精神结构、损害社会文化生态。商业主体通过生产落后文化获利但是却损害社会文化环境的行为，在本质上与其他损害物质环境和制度体系的行为没有区别，只是形式不同而已，是严重违背伦理规则的行为。对于文化是否优良标准的规定，不仅有公共权力给出的标准，也有学术标准和日常生活标准。即使社会各方对某些文化产品是否优良的判断标准存在差异，或者这些文化产品的生产因为法治的原因而暂时获得合法性，也不能因此证明它们具有伦理正当性。如某些网络游戏产品，尽管其生产与销售获得法律允许，但是给消费者造成各种损害，那么这些文化产品的生产行为依然会被判定属于违背了伦理规则的行为。只有通过生产优良文化而赚取商业利润的文化资本运作行为才是正当的行为；商业主体只有通过生产优良文化才能够确认自身的先进性以及合法性，生产落后、腐朽和劣质文化的过程也是主体生产自身的落后与腐朽属性。

对于商业主体而言，无论为了什么目的而投资文化生产，所生产的文化产品负载的信息都应该符合优良文化的判定标准，从而符合伦理规则要求，获得伦理正当性。

## 四 教育组织遵守"生产优良文化"伦理规则的方式

以承担教育任务为基本职能的社会组织或机构被称为文化生产的教育主体。进入文化生产关系的教育主体主要指那些具有文化生产能力和精神产品创造能力的教育组织，如各类高等学校和研究机构。此处的教育机构主体不包括以赚取商业利润为活动目的的教育机构，如各种校外培训机构、以营利为目的的各类学校，这些组织属于商业组织，在文化价值关系中属于商业主体，与教育组织和机构有根本差别。

1. 教育主体通过生产优良文化的方式再生产自身的社会本质。作为文化生产资本的教育主体，教育组织具有与其他组织完全不同的社会本质即文化本质。教育主体的文化本质在不同的社会历史条件下，有可能发生各种变化。教育组织的社会本质由各种属性构成，文化属性是本质属性，因为教育组织是为了文化生产和文化传播而存在的组织主体，空间和物质基础不过是教育组织存在的物质条件，文化资源是教育组织存在的精神条件，文化生产活动是教育组织主体的行动方式，它在进行文化生产的过程中，不断重新设定自身的文化属性。教育组织只有通过不断生产优良文化，才能够不断再生产自己作为教育主体的良好文化属性，从而获得优良的文化本质。在市场经济时代，教育组织必然面临多种价值观的冲突以及各种利益立场的博弈，但无论如何，都要始终坚守"生产优良文化"的正义规则，哪怕暂时陷入困境，也不可以放弃基本伦理立场。生产优良文化是教育组织与生俱来的义务，教育组织得以产生的唯一原因就是为了优良文化的生产与传播，培养文化人才，扩大文化传播范围，延续文化代际传承。教育是人类伟大的实践活动，教育实践活动的规模化、组织化和建制化，促成教育组织的产生，教育组织是天生的文化主体，无论资源是来自公共权力机构还是来自商业组织的支持，教育组织都应该始终以"生产优良文化"作为行动准则。

2. 文化生产资源优先投入精神劳动所需要的人力资源。教育组织生产优良文化的方式与商业组织或其他组织不同，它是精神劳动者成长的摇篮，以培养高质量的精神劳动者为己任。精神劳动者的成长过程非常缓慢，投入巨大，但却是精神生产动力的源泉，是精神生产以及精神再生产得以延续的根本举措，任何社会的精神生产以精神劳动者的成长与存续为前提条件，精神劳动的人力资源状况直接决定了一个国家或地区的文化生产水平，从而直接影响到整个社会的发展水平，没有发达文化的支撑，一个社会或一种文明的发展是不可想象的。教育组织的优良文化生产方式的独特性在于：它从生产或培育精神劳动的人力资源开始，创设文化生产的人力资源条件，在此基础上进行文化生产活动。任何教育组织，如果不是以培育的方式而只是以公共权力强行获取或者以市场机制购买精神劳动者以充实自己的人力资源，都不可能增加整个社会精神劳动力的总量，只是改变了人力资源的空间分布状况而已，且有可能成为一个不合格的或急功近利的教育组织，不仅损人利己，而且有可能对良好的人力资源培育机制造成破坏。教育组织是培育精神劳动者方式的规模化、组织化、体制化，是一个社会文化生产者队伍得到建设和保护的最后庇护所。

教育组织要履行生产优良文化的伦理义务，就必须注重文化生产者队伍建设，将文化生产资源优先投入精神劳动者的生活和生产活动所需要的领域，资源分配方式也要优先满足精神劳动者的需求。人力资源即专家学者队伍，是教育组织的软实力，是决定一个教育组织文化生产力水平的根本因素，人力资源队伍建设是教育组织发展壮大的关键。文化创造活动是艰苦的精神劳动，也是文明时代的伟大劳动方式。不能让这些从事高端文化生产的精神劳动者，受困于物质生活水平的寒酸，不能因为物质条件而将精神劳动者的物质生活自由限制在一个很低的水平而成为一个物质贫困的精神贵族。善待精神劳动者就是善待文化，就是为优良文化生产创造人

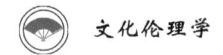

力资源条件，从而造福社会。

3. 教育主体与精神劳动者之间应该形成优良文化生产的协同关系，形成优良文化关系的生产合力。教育组织和精神劳动者之间存在管理关系，但是二者之间的文化价值关系的本质是精神生产关系，不是基于公共权力管理的从属关系，而是文化合作关系；不是基于资本主义制度的雇佣劳动关系，而是教育组织与个人主体的平等合作关系；不是基于市场机制的商品买卖关系，而是育人协同关系。精神生产关系与公共权力领导关系不同。精神劳动者需要遵守管理制度，但是教育组织应该以制度方式为精神劳动者生产优良文化提供各种支持，鼓励创新，宽容创新的失败，静待花开，服务措施优先于管控措施。精神劳动者供职于教育组织，但是二者之间的关系不是劳动力与资本之间的雇佣关系，而是教育组织与精神劳动者协同合作的关系；精神劳动者不需要向教育组织售卖某种商品而获取经济利益或其他利益，而是以文化创造与培养学生的成果，兑现其对于教育组织的工作承诺，因此，精神劳动者在服从教育制度管理和合法依规前提下，享有充分的文化创造自主权。只有坚持将精神生产关系作为教育组织与精神劳动者之间关系的核心要素，才能够以制度方式鼓励文化创造，宽容创新，尊重创造者的自主和自由。教育组织不能以名声、荣誉、资历、行政权力、学术地位等因素作为文化生产资本投入的决定因素，而是应该将文化生产资本投向那些真正有能力、有潜力从事先进文化生产的人，不应该浪费资源、重复投入、收获低层次文化产品。在各种管理措施和教育活动安排中，应尽量不去限制优良文化创造者的自由，给他们足够的自由空间驰骋思想，百花齐放；教育组织应该为孤独散步者遐思提供安静的时间和空间。

## 五　个体遵守"生产优良文化"伦理规则的方式

任何人在以精神劳动者身份进行文化生产时，无论其文化产品是否进入文化价值关系，都需要按照优良文化标准生产文化产品。个体对于文化产品是否进入文化价值关系要具有充分预计，如果预判到精神劳动产品会进入文化传播和文化消费环节，那么无论传播范围的大小以及消费主体人数的多少，都需要对自己提出生产优良文化的要求，在伦理规则范围内生产文化产品。即使个体进行文化创造只是为了自娱自乐，依然不能放弃生产优良文化的责任，个体是本人生产的文化产品的第一个消费者，他对于自己的精神结构是否完善负有伦理责任。

个人以生产优良文化为目的的行为是品德高尚的行为。如果个人将自己能够主导的文化资源运用到优良文化生产活动中，其动机属于善良文化意志，其结果有利于公众，则就是高尚的行为。其高尚程度与他的文化贡献之间的关系呈正相关。在历史上出现的那些伟大的科学家、思想家、艺术家等文化巨人，如老子、庄子、司马迁、祖冲之、毕昇、孙思邈、汤显祖、李渔、关汉卿、罗贯中、施耐庵、曹雪芹等，运用个人拥有的文化资源和文化创造能力进行文化生产，他们的文化成果不仅成为中华民族的精神路标，而且滋养了无数国人的灵魂，构筑了国人的精神家园，为后人提供了无比珍贵的精神宝库，他们是伟大的文化先贤，他们的文化行为是高尚的行为。

个人为了商业利益生产优良文化的行为是合乎伦理规则的行为。为追求正当利益而进行优良文化生产，是优良文化生产的良性循环机制，任何文化生产的可持续性都需要物质资料等条件的支持，不应该要求个体放弃个人正当利益诉求而生产优良文化，优良文化生产与个人正当利益可以共存。

个人无论出于什么原因而生产落后或腐朽文化的行为，都是违背伦理规则的行为，在道德上都可以被判定为文化恶行。对于个体而言，不存在迫使他生产落后与腐朽文化的必然原因；任何生产落后、腐朽文化的行为，都是违背伦理规则的行为。在一定生产力水平基础上，人们有可能选择不同的物质生产方式，因此也有可能选择不同的生活方式。但是精神生产与此不同。任何从事精神生产的精神劳动者，在进行精神生产的过程中，不仅生产了文化，同时也生产了自身的精神结构，也就是说，个人生产文化的过程就是生产自己精神结构的过程，他是生产者也是消费者。精神劳动者可以选择生产什么样的文化，但是在生产出某种文化之后他却无法避免这种文化对于自我精神结构的影响。生产落后或腐朽文化的精神劳动者的文化动机不属于善良文化意志，已经因此确证其精神结构的缺陷，在文化产品没有得到生产之前，生产动机已经对于生产者个人精神结构的完善状况产生了不良影响。因此，个人主体生产优良文化的行为，对于他人和社会，对于本人而言，都是善行，这是精神劳动者接受生产先进文化的伦理规则的原因。

# 附 录

## 创作无愧于时代的优秀作品[①]

——节选自《在文艺工作座谈会上的讲话》

习近平

"文章合为时而著，歌诗合为事而作。"衡量一个时代的文艺成就最终要看作品。推动文艺繁荣发展，最根本的是要创作生产出无愧于我们这个伟大民族、伟大时代的优秀作品。没有优秀作品，其他事情搞得再热闹、再花哨，那也只是表面文章，是不能真正深入人民精神世界的，是不能触及人的灵魂、引起人民思想共鸣的。文艺工作者应该牢记，创作是自己的中心任务，作品是自己的立身之本，要静下心来、精益求精搞创作，把最好的精神食粮奉献给人民。

优秀文艺作品反映着一个国家、一个民族的文化创造能力和水平。

---

[①] 《论党的宣传思想工作》，中央文献出版社2020年版，第97—102页。

第八章 文化生产的伦理规则

吸引、引导、启迪人们必须有好的作品,推动中华文化走出去也必须有好的作品。所以,我们必须把创作生产优秀作品作为文艺工作的中心环节,努力创作生产更多传播当代中国价值观念、体现中华文化精神、反映中国人审美追求,思想性、艺术性、观赏性有机统一的优秀作品,形成"龙文百斛鼎,笔力可独扛"之势。优秀作品并不拘于一格、不形于一态、不定于一尊,既要有阳春白雪、也要有下里巴人,既要顶天立地、也要铺天盖地。只要有正能量、有感染力,能够温润心灵、启迪心智,传得开、留得下,为人民群众所喜爱,这就是优秀作品。

文艺深深融入人民生活,事业和生活、顺境和逆境、梦想和期望、爱和恨、存在和死亡,人类生活的一切方面,都可以在文艺作品中找到启迪。文艺对年轻人吸引力最大,影响也最大。我年轻时读了不少文学作品,涉猎了当时能找到的各种书籍,不仅其中许多精彩章节、隽永文字至今记忆犹新,而且从中悟出了不少生活真谛。文艺也是不同国家和民族相互了解和沟通的最好方式。去年三月,我访问俄罗斯,在同俄罗斯汉学家座谈时就说道,我读过很多俄罗斯作家的作品,如年轻时读了车尔尼雪夫斯基的《怎么办?》后,在我心中引起了很大的震动。今年三月访问法国期间,我谈了法国文艺对我的影响,因为我们党老一代领导人中很多到法国求过学,所以我年轻时对法国文艺抱有浓厚兴趣。在德国,我讲了自己读《浮士德》的故事。那时候,我在陕北农村插队,听说一个知青有《浮士德》这本书,就走了三十里路去借,后来他又走了三十里路来取回这本书。我为什么要对外国人讲这些?就是因为文艺是世界语言,谈文艺,其实就是谈社会、谈人生,最容易相互理解、沟通心灵。

改革开放以来,我国文艺创作迎来了新的春天,产生了大量脍炙人口的优秀作品。同时,也不能否认,在文艺创作方面,也存在着有数量缺质量、有"高原"缺"高峰"的现象,存在着抄袭模仿、千篇一律的问题,存在着机械化生产、快餐式消费的问题。在有些作品中,有的调

· 185 ·

侃崇高、扭曲经典、颠覆历史,丑化人民群众和英雄人物;有的是非不分、善恶不辨、以丑为美,过度渲染社会阴暗面;有的搜奇猎艳、一味媚俗、低级趣味,把作品当作追逐利益的"摇钱树",当作感官刺激的"摇头丸";有的胡编乱写、粗制滥造、牵强附会,制造了一些文化"垃圾";有的追求奢华、过度包装、炫富摆阔,形式大于内容;还有的热衷于所谓"为艺术而艺术",只写一己悲欢、杯水风波,脱离大众、脱离现实。凡此种种都警示我们,文艺不能在市场经济大潮中迷失方向,不能在为什么人的问题上发生偏差,否则文艺就没有生命力。

我同几位艺术家交谈过,问当前文艺最突出的问题是什么,他们不约而同地说了两个字:浮躁。一些人觉得,为一部作品反复打磨,不能及时兑换成实用价值,或者说不能及时兑换成人民币,不值得,也不划算。这样的态度,不仅会误导创作,而且会使低俗作品大行其道,造成劣币驱逐良币现象。人类文艺发展史表明,急功近利,竭泽而渔,粗制滥造,不仅是对文艺的一种伤害,也是对社会精神生活的一种伤害。低俗不是通俗,欲望不代表希望,单纯感官娱乐不等于精神快乐。文艺要赢得人民认可,花拳绣腿不行,投机取巧不行,沽名钓誉不行,自我炒作不行,"大花轿,人抬人"也不行。

精品之所以"精",就在于其思想精深、艺术精湛、制作精良。"充实之谓美,充实而有光辉之谓大。"古往今来,文艺巨制无不是厚积薄发的结晶,文艺魅力无不是内在充实的显现。凡是传世之作、千古名篇,必然是笃定恒心、倾注心血的作品。福楼拜说,写《包法利夫人》"有一页就写了5天","客店这一节也许得写3个月"。曹雪芹写《红楼梦》"披阅十载,增删五次"。正是有了这种孜孜以求、精益求精的精神,好的文艺作品才能打造出来。

"取法于上,仅得为中;取法于中,故为其下。"有容乃大、无欲则刚,淡泊明志、宁静致远。大凡伟大的作家艺术家,都有一个渐进、渐悟、渐成的过程。文艺工作者要志存高远,就要有"望尽天涯路"的追求，耐得住"昨夜西风凋碧树"的清冷和"独上高楼"的寂寞，即便是"衣带渐宽"也"终不悔"，即便是"人憔悴"也心甘情愿，最后达到"众里寻他千百度"，"蓦然回首，那人却在，灯火阑珊处"的领悟。

"诗文随世运，无日不趋新。"创新是文艺的生命。文艺创作中出现的一些问题，同创新能力不足很有关系。刘勰在《文心雕龙》中就多处讲道，作家诗人要随着时代生活创新，以自己的艺术个性进行创新。唐代书法家李邕说："似我者俗，学我者死。"宋代诗人黄庭坚说："随人作计终后人，自成一家始逼真。"文艺创作是观念和手段相结合、内容和形式相融合的深度创新，是各种艺术要素和技术要素的集成，是胸怀和创意的对接。要把创新精神贯穿文艺创作生产全过程，增强文艺原创能力。要坚持百花齐放、百家争鸣的方针，发扬学术民主、艺术民主，营造积极健康、宽松和谐的氛围，提倡不同观点和学派充分讨论，提倡体裁、题材、形式、手段充分发展，推动观念、内容、风格、流派切磋互鉴。我国少数民族能歌善舞，长期以来形成了多姿多彩的文艺成果，这是我国文艺的瑰宝，要保护好、发展好，让它们在祖国文艺百花园中绽放出更加绚丽的光彩。

繁荣文艺创作、推动文艺创新，必须有大批德艺双馨的文艺名家。要把文艺队伍建设摆在更加突出的重要位置，努力造就一批有影响力的各领域文艺领军人物，建设一支宏大的文艺人才队伍。文艺是给人以价值引导、精神引领、审美启迪的，艺术家自身的思想水平、业务水平、道德水平是根本。文艺工作者要自觉坚守艺术理想，不断提高学养、涵养、修养，加强思想积累、知识储备、文化修养、艺术训练，努力做到"笼天地于形内，挫万物于笔端"。除了要有好的专业素养之外，还要有高尚的人格修为，有"铁肩担道义"的社会责任感。在发展社会主义市场经济条件下，还要处理好义利关系，认真严肃地考虑作品的社会效果，讲品位，重艺德，为历史存正气，为世人弘美德，为自身留清名，努力以高尚的职业操守、良好的社会形象、文质兼美的优秀作品赢得人民喜

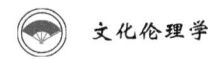

爱和欢迎。

互联网技术和新媒体改变了文艺形态，催生了一大批新的文艺类型，也带来文艺观念和文艺实践的深刻变化。由于文字数码化、书籍图像化、阅读网络化等发展，文艺乃至社会文化面临着重大变革。要适应形势发展，抓好网络文艺创作生产，加强正面引导力度。近些年来，民营文化工作室、民营文化经纪机构、网络文艺社群等新的文艺组织大量涌现，网络作家、签约作家、自由撰稿人、独立制片人、独立演员歌手、自由美术工作者等新的文艺群体十分活跃。这些人中很有可能产生文艺名家，古今中外很多文艺名家都是从社会和人民中产生的。我们要扩大工作覆盖面，延伸联系手臂，用全新的眼光看待他们，用全新的政策和方法团结、吸引他们，引导他们成为繁荣社会主义文艺的有生力量。

# 第九章

# 文化传播的伦理规则

　　文化传播是指文化信息的流动以及文化产品的流通过程,是连接文化生产与文化消费的中间环节。科学技术进步不仅可以重构文化生产方式,而且可以不断改进文化传播方式,从而促使文化价值关系和文化行为方式发生变化,重塑人类精神生活方式、个体精神结构以及公共精神结构。依据行为责任,可以将文化传播主体分为个体与组织主体两类;组织主体主要是指行使公共权力的公共机构、商业组织或机构、教育组织或机构以及其他各种社会组织。文化传播主体应该遵循伦理规则进行文化传播,从而促进人的自由而全面发展,推动社会不断进步和完善。

## 一　文化传播的技术变革

　　科学技术对于文化传播方式具有重要影响。在工业革命之前,科学技术的影响主要体现在文化载体和呈现方式的改进上,造纸术和活字印刷术在农业社会掀起了一场文化传播革命,文化传播由竹简文本时代走向印刷文本时代。近代工业革命升级了印刷技术,报纸、杂志的流通成为文化传播的主要方式。在无线电时代,广播、电视等成为新一代高技术文化传播方式,文化电波时代(收音机)、文化电视时代依次到来,人们的精神生活分别经历了广播时代和电视时代。随身携带的收音机、树顶和墙头的大喇叭、黑白电视机、彩色电视机以及液晶电视机等,成为标志技术进步的时代化石。数字技术、互联网技术、人工智能技术开启了文化传播的新媒体时代。在新媒体时代，文化传播速率发生颠覆性革命，文化传播速度得到几何级倍数增长。文化传播速度增长体现为纵向传播速度与横向传播速度的增长。一是纵向，即传播速度是一对多的群体传播和一对一的点对点传播速度，或者叫根源传播，即从一个源头向其他对象的传播，信息技术实现了文化的瞬间传播或文化内容的载体即文化文本即刻转移的传播，文化文本的电子化使之可以在传播者和传播对象之间实现即刻转移。二是横向传播速度，文化横向传播是指复制文化文本并且通过各种渠道传播文化的行为。QQ、微信等是一个时代典型的文化传播方式。一个传播者将某个文化文本传入QQ群或微信群，QQ群或微信群中的其他人继续将其传播到各自联系的网络社交群体，文化文本因此获得几乎无可限量的传播速度和传播范围。信息技术对于文化传播方式的改变，不是原有技术框架内的改良，不是黑白电视机升级为彩色电视机那样的改良，而是新技术推动的传播技术革命，它开辟了新的技术时代。

　　文化文本的数字化形式，导致文化文本的储存、记忆以及呈现方式发生了根本改变。文化载体因为技术不同而存在两个类型，代表文化载体变迁的两个时代。一是物体载体时代，即文化的储存、记忆、呈现以某种物体承载，文化与书写文化信息的物质载体合为一体。从竹简到纸张，文化信息书写到载体上即竹简或纸张，竹简或纸张储存、记忆文化信息，同时也是呈现方式，打开竹简或书籍，不仅文化得到呈现，同时文化信息记忆与储存空间也将被打开。在一体化载体时代，文化传播的方式主要有两种，一种是口授，将文本信息转化为交谈话语方式，通过"说话"传播文化；另一种是通过文化文本物体载体在不同主体之间的流动实现文化传播，文化得以跨越时间与空间限制实现信息流通。二是电子载体时代，即文化载体因信息技术而产生新的形态，即电子载体。电子载体是将文化的储存、记忆载体与呈现方式分开，文化文本转化为电

## 第九章 文化传播的伦理规则

子文本，储存在硬盘等电子空间，再通过显示器等方式呈现文化信息。文化文本电子载体与物体载体最大的区别在于：文化储存和文化呈现是一体化还是分体化。物体载体时代，文化文本的储存与呈现形式是一体化，阅读文化文本的前提是必须获取文化文本的载体；电子载体时代，文化文本的储存与呈现形式是分体化，一个储存文化的电子载体可以对应无数个文本显示方式，阅读文化文本不需要获取文化文本的原初载体，只要拥有呈现信息的工具即显示终端即可，一个终端可以呈现无数种文化文本。文化电子载体为文化传播方式的新技术革命提供了条件，文化电子载体是文化数字化传播的前提。阅读者打开电子文本读取信息，并不需要将电子文本的存储与记忆空间彻底打开，而只是选取自己需要的内容；阅读者读取新的信息，只需要关闭原来的电子文档从电子储存系统调取新的文档即可，而不是像纸媒时代那样需要更换文本载体即书籍。如此一来，文化文本载体发生根本变化，文化文本进入流通环节的渠道以及流通形式因此发生改变。文本载体与文本呈现方式的分离，即分体化载体模式的出现，为文本高速流通和低成本复制创造了条件，叙述文本可以脱离原初载体而进入传播领域，以不同的方式呈现，从而能够在传播渠道中获得高速传播。电子载体的信息容量也不是一本书那样的物体载体信息容量可以比拟，相对于电子载体的文化信息存储和记忆容量而言，物体载体的信息容量相当于"石器时代"，尽管如此，物体载体流通对于现代人而言，依然是不可或缺的文化传播方式，阅读纸媒负载的信息即"读书"，依然受到很多人的喜爱。

互联网平台带来文化文本传播方式的根本变革，开创了文化文本的"对话式传播"。所谓对话式传播，是基于互联网技术构筑的可供多方参与、对话交流的文化传播方式。文化文本进入传播平台，可以在瞬间转化为无数电子文本，理论上说，有多少人持有联网终端设备打开文化文本读取信息，就有多少相同信息被复制后再呈现。所有读取信息的人可以在文本中留言，传播者和文本创制者可以即时或延后回复其他阅读者的言论，从而形成对话机制，文本传播平台成为对话平台，文化传播过程成为讨论和对话过程。文化文本在传播过程中逐渐形成信息集群，且随着文化文本的接力传播，信息集群的内容逐渐丰富，影响范围逐渐扩大，这种变化一直持续到叙述文本不再被传播或者无人再参与文本对话时才终止。

新型文化传播方式产生了一种全新的精神生活方式即基于网络文化社区的文化生活。基于网络社区的文化生活，并不是指基于互联网平台开设的讨论区和发言区，而是指在文化文本的网络传播过程中，不断有文本阅读者加入，不断有对话产生，以至于文本传播平台逐渐聚集了众多文本阅读者和对话信息。文本阅读者是潜在的文化文本传播者，随时可能"随手转发"自己阅读的文本而成为接力传播者。对话信息是基于文本信息的解读而引发的讨论，或促使读者将其他信息或文本链接写入文本传播平台。对于随后而来的阅读者而言，对话、增加的信息或文本链接与原文本一起，构成网络平台上的小型文化社区，个人在文化社区读取信息，满足自己的精神生活需要；参与讨论或对话，成为本人精神生活内容的一部分。网络文化社区，已经成为当代社会公众精神存在与发展的文化环境，即网络文化社区的本质，是对话式文化传播方式创造的新型精神生活环境。

## 二　公共机构文化传播的正义规则

公共机构行使公共权力进行文化传播，能够运用资金、物质资料、人力资源、传媒资源、公共权力以及制度体系作为文化传播条件，与其他文化传播主体相比，公共机构拥有最大的文化传播权力。

1. 目标选择：公共机构确立的文化传播目标应该有利于人的自由而全面发展和社会的完善。在文化价值关系中，公共机构传播文化面临多种目标选择。一是政治目标。任何公共权力都会受到各种政治因素的主导，实现某种政治目标是公共机构传播文化的核心任务之一。政治目标具有多样性，但公共机构确立的文化传播的根本政治目标应该是实现人的自由而全面发展和社会的完善。人民是历史的创造者，是社会发展的主体，只有将实现人的自由而全面发展和社会的完善作为文化传播的核心目标，才是将政治目标或政治任务与最广大人民利益融合在一起的合理方法。人只有获得自由而全面的发展，才能成为高素质的社会历史主体，才能够创造出更加灿烂的文明。

公共机构选择经济利益作为文化传播目标是否正当，或者说传播文化获取商业利益的行为是否正当，取决于一个前提条件，这个条件是：只有当文化传播获得的经济利益没有损害其他个人以及集体的正当利益时，公共机构为获取经济利益而进行的文化传播行为才是正当的。那些为增进全体人民的利益而进行文化传播的行为属于高尚的行为。利用公共权力优势进行文化传播而获得经济利益，不能促进整个社会的文化发展和经济进步，而只是与民争利，在价值关系的经济利益分配中与公众利益存在"零和博弈"关系，即通过文化传播的方式将他人正当利益转移到某个组织或个人，却没有增加公共利益的总量，这种行为是不正当的文化传播行为。公共权力通过文化传播获取经济利益的行为，只有在能够促进全社会文化产业的经济利益得到增长的前提下，才具有伦理正当性。

公共权力应该以实现人的自由而全面发展以及社会的完善作为根本目标，将更多的优质文化资源输入文化价值关系，为实现人的精神自由、增加社会总体的精神自由提供文化条件，只有如此，公共机构运用公共资源进行文化传播的行为才具有伦理正当性。

2. 内容选择：公共权力主体应该选择优良文化进入传播领域。生产先进文化与传播先进文化是公共机构不可推卸的社会责任。所谓优良文化，是指文化内容所包含的信息有利于个人精神结构和公共精神结构完善，促进物质生产力的发展，引导人心向善，促使人们追求高尚；具有良好的艺术品位，能够给人带来美好的精神享受，陶冶人的心灵。评价文化是否优良的情感标准是文化内容包含的情感因素是否健康，是否美好；评价文化是否优良的知识标准是文化内容所叙述的理论知识是否为真理；评判文化是否优良的伦理标准是文化内容所坚守的伦理观念是否能够促进人性的善良，追寻正义，崇敬高尚；评价文化内容是否优良的社会制度标准是文化内容所设计或认同的社会制度能否促进物质生产力和精神生产力的发展，能否代表最广大人民的根本利益，能否有效治理社会、解决各种民生问题；评价文化是否先进的艺术标准是文学艺术作品是否具有良好的艺术品位，是否是面向大众、为人民服务的文化，能否为人民带来美好的艺术享受，能否陶冶人的心灵，启蒙公众，觉悟众生。

文化传播产生了一个独特的社会公共生活领域即文化生活领域，形成了跨越时间和空间的精神生活公共空间。人们在精神生活公共空间通过各种方式交换精神产品，这些精神产品有可能是优良文化，有可能是劣质文化。公共权力机构对于优良文化标准的认定，对于优良文化内容的选择，在文化传播领域具有权威示范作用，可以使得优良文化占据文化传播领域的主导地位，从而确保文化传播领域的精神元素的主流是优良文化而不是落后文化或腐朽文化。传播优良文化是公共机构的文化传播行为应该遵守的伦理规则。

3. 环境治理：公共权力主体应该承担文化环境治理责任。公共机构代表社会公众进行社会管理，文化传播管理和文化环境治理是公共权力主体的责任。公共机构文化环境治理或者进行文化传播行为管理，虽然不是直接进行文化传播活动，却可以创设良好的文化传播环境中，建设符合法治和伦理要求的文化传播机制。在各类文化主体中，只有公共权力主体具有文化传播环境治理和文化传播行为管理的能力。文化的商业主体、教育主体以及个人主体，都不可能承担这样的责任，因为他们没有得到治理文化传播环境以及管理文化传播行为的合法授权。

公共机构主要通过三种方式进行文化环境治理和文化传播管理：一是立法，建立文化传播法规；二是执法，即依法依规惩戒不合法的文化传播行为；三是伦理引导，通过舆论宣传等方式明确文化传播行为的正当标准和行为规范。在文化价值关系中，相关法律主要用于调整文化传播过程中发生的各种权利与义务关系。对于传播文化的内容，法律只会依据底线原则设定违法行为的构成条件，但不会设定优秀文化传播环境和良好文化传播行为的构成条件。因此，文化环境治理和文化传播行为管理，是公共机构以高于法律规范要求的伦理要求管理文化环境、规范文化传播行为。

## 三 商业组织文化传播的正义规则

当商业主体将其拥有的资本投入传播领域并通过文化传播行为获利时，商业组织就成为文化传播行为主体。

1. 商业组织传播的文化商品应该具有合理层级结构。商业组织投入资本进行文化传播，目的是获得经济利益。之所以被称为商业组织，是因为这一类组织为赚取利润而产生，为了赚取利润而运转，凭借赚取利润而生存，不能要求商业组织不顾经济利益进行文化传播。但是任何商业主体以文化传播作为产业形式，都要精心选择进入传播环节的文化商品。由于社会大众的文化水平以及文化消费习惯存在差异，人们对于文化内容的理解方式、接受程度和接受方式存在很大差异。商业组织针对市场消费需求进行文化传播产生了文化传播的"层级传播"现象。所谓文化的层级传播，是指对应社会个体的文化水平和文化消费习惯，传播相应层级的文化商品，以确保文化商品交易行为的成功并获取商业利益的传播方式。文化因为其内容的科学水平或艺术水平的不同，呈现不同层级。一是文化的知识层级，分为感性经验知识、一般理论知识、科学理论知识三个层级。不同层级的知识对于个体的理性能力要求截然不同，高端科学理论知识属于专家级别的知识，是需要经过多年的专业训练和理论研究才有可能理解和掌握的知识，因此一般公众在没有投入很多时间学习的前提下无法获得高端科学理论知识。二是文学艺术作品的品位层级，分为高雅文化和通俗文化两个层级。高雅文化是指那些创作和表达都需要高端技能的文化作品，如文学作品《红楼梦》、李白的诗作、芭蕾舞等；通俗文化是那些创作和表达形式不需要受过专门训练的人就有可能创制和演绎的文化形式，如广场舞、吟唱流行歌曲等。三是文化个体的消费分级，分为感性层级消费的文化、知性层级消费的文化和理性层级消费的文化。感性层级消费的文化是指那些带来感官愉悦、宣泄情感、表达情绪的文化产品，例如一首流行歌曲、一段相声表演等；知性层级消费的文化是指需要一定的教育水平和艺术素养条件才能够欣赏和消费的文化作品，例如《史记》《论语》等著作；理性层级消费的文化是指那些受过专门训练、具有相应的专业素养和艺术素养的人士才能够充分消费的知识文本和文化艺术作品，如《红楼梦》《道德经》《纯粹理性批判》《道德形而上学原理》等学术理论著作以及交响乐作品等。

一方面，层级越高，消费群体越少，商业组织针对高端层级消费者进行的文化传播行为获得商业利润的幅度就越小；但另一方面，对于高端层级文化文本和作品的创制以及传播，需要投入更多的文化资源。不仅文化传播领域存在这种现象，文化生产与文化消费领域同样存在这种现象，所需要投入的文化资本更多，消费个体数量却较少，所获得的利润率趋小，商业组织运作文化资本进行文化传播，必然首先选择层级较低、受众较多、市场更大、利润率更高的文化商品进入传播领域，以期获得更多经济利益。对于商业主体而言，在合法范围内，有权利自主决定选择何种文化商品进行传播，但是从伦理规则而言，商业组织传播的文化商品负载的精神元素，不应该是腐朽、落后文化；不能只是为了获取更大经济利益而迎合更多受众消费习惯，不能利用人性的弱点而传播低层级的文化商品。在文化欣赏领域，存在正向兼容规律：文化素养和艺术素养越高的主体，能够消费的文化产品的层级越丰富。一个较低层级的文化产品，不仅适合文化水平较低的消费主体，也适合文化层级较高的消费主体；但是，较高层级的文化产品，比较适合文化水平较高的消费主体，文化水平较低的主体难以具备消费较高层级文化产品的精神素养。因此，较低层级文化产品比高端文化产品具有更广泛的兼容性。对于商业组织而言，传播具有更广泛兼容性的文化商品具有必然性。虽然无法要求商业组织对抗这种必然性，但是商业组织可以做到的是，随着整个社会公共文化水平和艺术素养的提升而逐渐改变所传播文化作品的结构，抬高文化作品层级，引导公众文化不断提升文化消费层级，这是商业组织运作文化资本进行文化传播应该遵循的伦理规则，也是商业组织通过文化传播推动人的自由而全面发展的方式。

2. 商业组织的文化传播行为应该尊重参与者知情权利、讨论权利以及选择权利。就文化传播权利而言，无论商业组织的经济实力有多么强大，都不具有比其他文化传播参与者更多的权利，文化传播过程中的所有参与者都是文化行为主体，各自拥有平等的权利，权利与义务相一致。商业组织传播文化的目的是获得经济利益，必然会通过各种手段扩大文化传播的受众范围，促进文化商品进入更多个体的消费环节。每个文化消费者都是有限的理性存在者，他们对于文化商品是否符合自身价值有自己的判断，但并不是每个人都能够对实际情况做出准确判断。对于文化商品的了解程度，直接影响着文化消费主体的价值决策。为了获取更多经济利益，商业组织通过各种方法影响文化消费主体的价值判断：一种是尽可能提供完整的文化商品信息，为文化消费主体做出理性判断提供条件；一种是语焉不详，但这种语焉不详不是疏忽，而是故意设计的情境，模糊文化商品的使用价值界线，有可能导致文化消费主体误判；最具有恶意的文化商品营销行为，如"标题党"文案等，是以各种诱导甚至欺骗手段致使文化消费主体对于文化价值做出误判而付出代价，文化消费主体付出的代价成为文化商业主体的利润。对于文化商品的使用价值信息，文化消费主体具有知情权，商业组织不能为了获利而以各种方式剥夺文化消费主体的知情权。

商业组织的文化传播行为应该尊重参与主体的讨论权，即文化传播过程中的话语权。商业组织不是公共权力主体，因此商业组织不具有合法的舆论或商品评价言论的管控权。与物质商品交易不同的是，物质商品交易后消费者会基于自身的消费感知而作出各种评价，即好评或差评；但是文化商品进入文化消费后，所获得的评价不仅是类似于物质商品那样的好评与差评，而是一个基于文化内容的讨论、质疑、批评或阐释，即对话式传播或互动式传播，是文化内容的继续传播与再生产过程，由此产生了一种全新的精神生活方式即基于网络文化社区的文化生活。文化商业主体应该尊重文化传播各方参与主体的讨论权与话语权，不能以经济力量或技术手段剥夺文化传播参与者的权利。至于文化传播参与者言论的管控以及消极言论的治理责任，有相关的法规和伦理规则加以制约，由公共机构行使权力依法管理。

3. 商业组织应该依据后果调节文化传播方式。行为方式的调节主要有两种机制：一是目标导向调节机制，二是后果导向调节机制。目标导向调节机制，是指主体在行为启动之前，以预设的行为目标作为导向，制定行动方案，设计行动方法，选择行为方式。后果导向调节机制，是指主体在行为发生之后，对已经出现的行为后果进行效果评估，根据后果评估结果调整行为目标、行为方法以及行为方式。目标导向调节机制是正向调节，任何行为都是按照正向逻辑设计行为路线；后果导向调节机制属于反向调节，反向调节并不是必然出现的调节机制，由行动主体自主决定是否运用反向调节机制。一个完整的理性行为必须经过正向与反向两种调节机制的作用，即通过双向调节机制进行行为预设与行为调整，以获得最优的行为效果。行为效果与行为后果不同。行为后果是指行为发生后实际发生的现象；行为效果是行为后果与行为预设目标的吻合程度。反向调节机制的价值在于：它是行为主体以实事求是的方式，经过理性思考，不断纠正自身的行动目标、行为方法以及行为方式，从而实现行为利益最大化。缺少后果导向调节机制的行为，缺乏反思，失去了信息反馈环节，不是一个成熟而完整的理性行为。

商业组织的文化传播后果与文化传播效果之间存在一致或不一致关系。二者的一致关系体现为商业组织取得经济利益，文化消费主体获得所需要的价值；二者的不一致关系体现为商业组织获得经济利益但是文化消费者却因为商业组织传播文化的行为受到损害。商业组织传播文化是将文化当作商品进行交易，经济效益是其首要考虑因素，为了扩大市场，增加受众，需要采取各种手段推销文化商品，至于文化消费者消费其推销的文化商品的结果如何，不一定是关注重点。法律依据行为后果进行规范，即以事实为准绳，对于商业主体而言，仅仅遵守法律、依据法律对行为后果负责远远不够，而要以伦理的方式对自己的行为后果负责。所谓伦理的方式，是指商业主体在以经济利益最大化作为行动目标的同时，对行为后果进行效果评价，那些有损于人的自由而全面发展、不利于社会进步的文化传播行为，应该得到纠正。商业组织的文化传播行为，不仅需要目标导向机制推动的正向调节，而且需要后果导向机制推动的反向调节。此处的后果不是指商业组织的商业利益，以商业利益后果为依据进行反向调节行为属于商业组织的自主利己行为，不在伦理范围之内，只有依据文化传播行为对他人和社会造成的后果进行评估，以促进人和社会的完善作为文化传播的目标，才是符合伦理规范的行为。

## 四　教育组织文化传播的正义规则

以承担教育任务为基本职能的社会组织或机构被称为文化传播的教育主体。教育主体有多种类型：高等学校、基础教育类学校、各种研究机构等，教育主体的文化传播行为应该遵循的伦理规则是指教育主体选择文化传播的目标、内容以及方法时应该遵循的伦理规则。

1. 目标选择：以立德树人作为文化传播的总目标。教育组织传播文化的目标是传授专业知识、训练专业技能、帮助学生完成学业、推动学科建设等，这些阶段性目标构成教育组织的日常工作任务。教育组织的各种行动只能以"立德树人"作为所有行动的总目标，以此统辖教育组织的各种文化传播行为。

教育组织、教育对象、社会公众以及教育对象所属家庭成员对于教育目标的期待存在差异。一般而言，职业目标、经济目标、政治目标、技能目标、学科目标以及教育组织发展层级目标（如高校排名）等，构成教育实践活动各种参与主体的目标元素，行为目标的一致能够产生教育合力，促进教育组织取得更大的教育效益；行为目标的冲突可能产生内耗现象，浪费教育资源，减弱教育效果。在此情况下，教育组织如何确定教育目标，是一个重大伦理问题。

教育组织在运作文化资本时，应该充分考虑不同教育参与主体或权力主体的目标期待，将合理目标纳入文化传播的目标体系中，这是教育组织从实际出发的务实作风，也是教育应有的人民立场的体现。无论教育组织追求什么样的高尚目标和长远目标，都离不开教育活动参与主体的支持，教育组织不是脱离大众的孤独前行，而是一个带领大众共同进步、引领社会思想观念变革的文化主体。

教育组织应该以立德树人作为总目标，不能将某一类主体的利益诉求当作整个教育组织的行动目标。教育组织只能将立德树人作为文化传播的总目标，并以此作为伦理规则引导目标选择行为。

2. 内容选择：教育组织应该依据教育目标和教育效果的双向调节机制选择文化内容。行为主体接受两种调节机制的指导而调整行为方式：一是目标导向调节机制，二是后果导向调节机制。目标导向调节机制是正向调节，后果导向调节机制属于反向调节，对于一个完整的理性行为而言，必须经过正向与反向两种调节机制的作用，即通过双向调节机制，完善行为目标预设并调整行为方式，以获得行为效果最大化。但并不是任何行为主体都会自觉运用反向调节机制完善行为方式，如果行为缺少后果导向调节机制的作用，必然失去经由实践检验而丰富经验知识、完善理论知识从而纠偏行为的机会。

与商业主体传播文化的目的不同，教育主体传播文化的目的是立德树人而不是获取经济利益。教育主体预设的行为目标与预期的行为后果具有高度一致性。教育主体预设的行为目标是教育接受主体的发展与完善，这个目标与文化传播对象所追求的文化行为目标具有天然的一致性，因此在教育主体主导的文化传播过程中，后果与效果是一致的，文化传播后果即为文化传播效果，即教育效果。对于教育主体而言，运用后果导向调节机制，与运用目标导向调节机制，二者之间不存在矛盾，而是一个过程的两个方面，他们的总目标都是立德树人，依据立德树人的总目标设计文化传播方式，依据教育实际后果与立德树人总目标之间的契合程度即教育效果完善文化传播方式。

依据教育目标的正向调节机制和教育效果的反向调剂机制谨慎选择文化传播内容是教育组织责无旁贷的责任。教育领域传播什么样的文化内容主要由三类主体确定：一是公共权力主体，代表国家教育制度、教育政策行使教育公共权力，对教育组织依法依规进行管理，包括管理教育领域传播的文化内容；二是教育主体，即教育组织依据国家教育政策和实际教育需求，确定哪些文化内容可以进入教育传播领域；三是教育对象即教育接受主体，他们在教育体系中有较大的文化选择权力，在教育体系之外进行自主学习，可以自主决定选择哪些文化为己所用。在三种主体中，教育主体拥有的文化决定权力最为广泛。国家教育制度以及公共权力机构对于教育组织使用的文化内容有原则规定，但不会规定得过于详细或具体。教育组织传播文化的主要载体是教材，即教学过程中使用的教科书。无论如何评价教科书的重要性都不为过，教科书作为教育组织所使用的最为重要的文化叙述文本，承载着一定的知识、价值观、理想、信念、信仰、文学艺术等信息，直接用以生产教育对象的个体精神结构，是公共精神结构的重要建设力量。一个国家的教育组织能够创造什么样的文化，传播什么样的文化，不仅决定了教育接受主体的精神结构状况，而且为公共精神结构提供理性基础和精神资源。

教育主体的文化传播活动具有几个基本特征。第一，教育组织存续状态与存续时间不同于商业主体，具有较高的稳定性；第二，教育接受主体即教育对象具有很高的流动性，因为学制的原因，教育对象每隔几年更新一次，因此教育文化传播的受众数量庞大；第三，传播的文化文本数量庞大、种类繁多且具有很高的稳定性，因为专业设置、学科设置、人才培养目标等原因，需要大量的多种类叙述文本作为教科书；第四，教育主体的工作对象、工作任务、工作目标明确而稳定；第五，担负的文化传播任务具有极为重大的社会价值，无论是对于当下社会发展以及一个国家的未来，教育主体通过文化传播所培养的个体，必将成为社会发展的责任主体。

依据教育目标的正向调节机制，教育组织应该选择优良文化内容进入传播领域，阻挡劣质、腐朽或落后文化进入传播领域。文化因为其内容的科学水平或艺术水平的不同，呈现出不同层级，即文化的知识层级以及文学艺术作品的品位层级，教育组织应该选择高层级的文化文本进入传播领域，如此才能培养高层级的人才。

3. 方式选择：教育主体应该采取"双重主体"模式传播文化。文化传播的教育主体为实现立德树人总目标而进行文化传播，促进教育对象的成长与精神结构完善是其根本目的，因此在教育主体主导的文化传播关系中，文化传播主体与文化传播对象之间的关系结构是双主体结构即"主体—主体"结构。所谓双主体结构，一方面是指在教育组织主导的文化传播活动中，教育组织始终保持主体地位，体现为文化传播目标设定、内容选择、传播方式设计等；另一方面是指教育组织不能将教育对象当作活动客体，更不能将教育对象当作实现立德树人目标之外的其他目标的手段，而是要尊重教育对象的主体地位，从而形成教育领域的文化传播关系中的双主体结构。教育组织承担着教育主导任务，教育对象承担着教育接受任务，但这种接受不是被动接受，而是基于思想解放和理性启蒙的主动接受；教育对象不是教育客体，而是教育接受主体，由此，教育领域的文化传播关系是一种"教育实施主体—教育接受主体"的双主体关系。双主体关系结构不是自然结构或必然结构，是一种教育伦理结构，是教育领域文化传播行为基于应该遵循的伦理规则而形成的价值关系结构，它将文化传播对象即教育对象的社会地位放置在主体位地位，形成教育领域文化传播的"双主体"关系。在教育领域始终存在教育实施主体与教育接受主体之间的文化水平落差，教育权力与受教育者权利有可能出现不平衡。在尊重教育规律的前提下，在文化传播过程中以"双重主体"作为文化传播价值关系的基础，能够确保教育目标即立德树人总目标的顺利实现。

## 五 技术人员文化传播的正义规则

文化传播技术主体是指在文化传播过程中具有传播技术控制能力和控制权力的行为者。前沿科学技术与市场的结合，为传播技术发展提供了前所未有的动力。科学技术是传播手段革命的技术基础，市场化运作为传播技术升级提供源源不断的资金支持。文化传播技术主体的文化传播行为，需要在法治和伦理的框架中得到规范。

1. 文化传播的技术主体不应该寻求文化传播的技术垄断。传播技术成为当代社会文化传播的命脉，各种文化主体依据传播技术打造的文化传播平台，不仅创造了文化大市场，而且促成了社会公众精神生活大家庭的形式。无论是个人还是政府机构、商业组织，对于传播技术的运用已经日益普遍，技术依赖成为新时代文明发展的显性特征。在此情境下，传播技术完全有可能形成"技术任性"。所谓技术任性，是指行为人利用自己所具有的技术能力任意扩大自由边界，导致技术垄断，从而以不合理的方式干预社会生活。人工智能技术之所以引发了社会焦虑，原因就在于人们对于技术任性的担忧。任性的不是技术，而是掌握了技术的行动者。

文化传播技术主体遵循伦理规则的方式体现在以下三个方面。第一，在文化传播领域，只是以技术方式参与合作，提供文化传播平台的建设方法，而不是以技术作为条件，要求文化传播参与主体接受未经授权的管理和控制。第二，文化传播技术主体通过技术控制而管控文化传播过程，必须具有合法性，必须接受公共权力机构的授权，必须将文化传播管控作为接受国家管理的义务，而不能任意干涉文化传播行为。第三，文化传播资本的技术主体，永远不能利用自己拥有的技术优势获取文化霸权，不应该利用信息流通渠道的管控优势主宰社会文化环境从而建立对自己有利的观念体系。如果文化传播技术主体试图建立自己的意识形态，那么它就不再是技术组织，也不是商业组织，更不是文化和教育组织，而是政治组织，因此，无论是公共权力机构还是技术主体自身，对此都要有清醒认识。

2. 文化传播技术主体应该运用后果导向调节机制确定文化传播过程的技术参与方式。文化传播技术主体通过参与文化传播行为，成为文化价值关系的市场主体，通过技术合作的方式获取利益，在社会主义市场经济条件下并没有原罪，但是文化传播技术主体的文化传播行为的正当性需要满足一个基本条件，即不作恶，不能以技术手段作恶。以技术手段作恶被称为技术犯规，是指技术主体为那些落后或腐朽文化的传播提供技术支持，为恶意危害个人精神结构和公共精神结构、损伤人的自由而全面发展、损害社会进步的文化传播提供技术支持的行为。任何文化传播资本的技术主体都需要运用后果导向调节机制，审慎决定参与文化传播过程的方式，对文化传播的后果进行全面评估，但这种后果评估不是经济效益评估，而是伦理责任评估，即文化传播的后果有没有损害他人合法自由，有没有损害公共精神结构。如果发现存在不良后果，文化传播技术主体需要依据国家法律规定和方针政策，通过技术手段管控文化传播过程。

文化传播技术主体违背伦理规则的方式体现在以下三个方面。一是故意违规，在已经明确知晓文化传播内容可能损害个人或社会的前提下，依然以技术方式参与传播，属于故意违规；二是放任违规，只提供传播技术支持，不关注文化传播内容及其结果，只顾自己赚取经济利益而不关注那些利用技术平台赚钱的方式是否合理、合法；三是失职违规，在明确知晓文化传播行为已经造成各种损害的情况下，没有依据国家法律或政策规定进行技术管控或文化传播行为治理，没有运用后果导向调节机制调整文化传播方式，属于失职违规。三种技术违规方式都违背了文化传播资本的技术主体应该遵循的伦理规则。

## 六 个人文化传播的正义规则

在文化传播领域，个人以不同身份参与文化传播。一是以公职人员身份参与文化传播，二是以独立个体身份参与文化传播。当个人以公职身份参与文化传播时，他所运作的文化传播权力或运行权力属于组织主体而非个人，因此需要遵守的伦理规则与其所在组织需要遵守的伦理规则一致。在教育领域，当个人以教育组织供职者身份进行文化传播时，对于教育内容享有很大的选择权力，这是教育赋予教书育人者特有的文化自由。

1. 供职于教育组织的个体进行文化传播，应该以立德树人作为文化传播目标。处于教育组织中的教师群体从事文化传播的目标，有主次之分。教育接受主体的成长成才，是主要目标；教师作为教育实施主体的个人目标，只是实现立德树人目标的手段，而不是相反，不能将立德树人作为实现教育实施主体个人目标的手段。之所以做出这样的规定，是因为目标与手段之间存在支配关系，即目标支配手段。如果教育接受主体的成长被教育实施主体作为实现其个人目标的手段，教育接受主体可能会被工具化，在此情形之下，教育实施主体重点关注的内容将不再是教育接受主体的成长成才，而是如何利用文化传播手段实现本人的目标或目的。教育实施主体通过文化传播活动获得个人利益是合理的，也是可持续发展的条件，这些合理利益应该得到保护，只有如此，教育活动才能够进入良性循环，才有可能储备更多的人才从事文化教育传播活动。但是任何教育实施主体都应该将立德树人作为文化传播的主要目标。

2. 供职于教育组织的个体进行文化传播，应该尽到把关人责任，确保文化传播文本所负载信息属于优良文化。在教育领域传播的文化文本主要是教材或教科书。使用什么样的教科书由国家教育管理机构做出相应的基本规定。在符合国家规定的前提下，教育组织拥有很大的教材选择权力。只有很少的科目教材由任课教师自己决定，但依然要履行审核备案程序。对于由管理部门或教育组织机构规定的教科书，任课教师作为文本传播人应该尽到把关人责任，确保教科书负载的精神元素属于优良文化。实践经验的积累，科学技术的进步，知识创新，精神生产力的不断提升以及全球化时代文化国际交流等原因，促使文化不断进步。教科书的内容具有一定的稳定性，所负载的知识、价值观、道德观以及文学艺术等信息，应该是获得广泛认同、具有公共权威和良好影响力的精神元素，但人类的文化创新过程不会停止，文化创新与教科书内容之间存在一定落差，此时，则需要文化传播主体即教师承担起传播文本把关人责任。第一，审验文本，确保每一个进入教育传播领域、进入课堂、进入教育接受主体学习领域的文本所负载的信息属于优良文化，在自己智力所及范围内进行文本审验，如果个人理性能力不足，则需要以公共标准审验文化文本内容优良与否，阻止落后与腐朽文化信息进入教育传播领域。第二，解读文本，确保对于文本内容的解读准确、科学，并将解读信息加工整理成为授课内容，传播给教育接受主体，实现教科书文本向授课文本的转变。第三，纠错文本，不断将新知识、合理的新观念注入授课文本,及时纠错,不能因为害怕触动权威或担心个人利益受损而不敢纠错,但必须以确认文本信息错误为前提,不能以纠错为理由固执己见,将教育文化传播变成个人观念的传播。第四,文本补充,任何教科书都不可能涵盖某一类知识的全部内容,教育实施主体不能满足于简单展示教科书内容,而是要守正创新,将那些教科书上没有但是与课程相关的内容与教科书内容进行整合,形成新的传播文本即教学文本。如此,教育实施主体、任课教师即教育领域的文化传播主体就可以说是尽到了责任,其文化传播行为符合伦理规则的要求。

3. 供职于教育组织的个体进行文化传播,应该尊重文化传播对象的理性思考权利。每个人都是有限的理性存在者,只不过每个人的理性能力的发展水平存在差异,这是在教育领域出现文化传播主体与文化传播对象之间文化水平落差的原因,即"闻道有先后,术业有专攻"。但是文化传播者即教育实施主体应该尊重文化传播对象即文化接受主体的理性思考权利。所谓理性思考权利,是指一个人所具有的运用自己的理性独立思考、独立学习、独立选择文化信息、自主决定文化运用方式的权利。在学生和教师之间存在"闻道有先后、术业有专攻"的差别,但是不能因此产生教育实施主体与教育接受主体之间的理性权利不平等现象。教育领域文化传播的目的在于立德树人,通过理性启蒙和增强理性能力不断完善个体精神结构,因此文化传播对象不仅是客体,而且是文化权利主体,是文化传播服务对象,因此,教育实施主体在调整自身与教育接受主体之间的关系时,需要具有尊重意识、平等意识、服务意识、培育意识、成长意识,从而将文化传播对象由自由的个体培养为社会的责任主体。文化传播的尊重意识是指教育实施主体在尊重教育接受主体的权利、人格、思想观念的自主选择和意志自由的前提下传播文化;文化传播的平等意识是指教育实施主体与教育接受主体在文化价值关系中以平等身份进行文化传播与接受,不会因为知识落差或师生身份差异而导致传播关系的等级化,存在等级落差的文化传播关系可能会忽略教育接受主体的感受而导致一厢情愿的文化传播；服务意识是指教育实施主体的文化传播行为的目标是服务于促进教育接受主体的成长，而不是服务于满足传播者的需要，不能将教育接受主体当作传播手段，而是要将其当作传播目的；培育意识是指教育实施主体传播文化的目的在于培育教育接受主体的精神结构；成长意识是指教育实施主体与教育接受主体，都具有促进对方和自我成长的意识，通过文化传播实现所有文化参与者的理性成长和精神结构完善，并由此推动社会公共精神结构的完善，从而推动人和社会的完善。

4. 个人自主文化传播应该遵循无害规则。个人传播的文化文本主要有以下三个类型：一是原创文本，即个人原创的文化首次进入传播领域，文化文本可能是由传播者本人创制，也可能是由他人创制，但进入传播领域属于首次；二是转发文本，即个人接力传播已经进入传播环节的文化文本，属转发行为；三是附加文本，即个人参与传播文本的讨论交流等互动产生的信息，附加在原文本后面继续传播，形成附加文本。

个人应该充分运用理性，审验即将进入传播领域的文化文本所负载的信息，以优良文化标准对文本进行信息评价，那些不符合优良文化标准要求的文本不能进入文化传播领域。如果个人没有审验文本而任其传播，就是不负责任；如果个人审验文本发现其不符合优良文化标准的要求，但是为了追求个人利益或实现其他目标而继续传播，无异于"精神投毒"，严重违背了文化传播伦理规则。

在新媒体环境下，个人转发行为是文化传播的核心力量，微信朋友圈、微信群、微博、QQ群等，是转发文本的重要平台，这几个平台拥有数以亿计的参与者，人们因为各种原因而发生网络关联，能够在瞬间形成一个极为庞大的资讯传播链条，个人传播力量在互联网世界被几何倍数放大。个人应该充分意识到本人是文化传播链条得以延续的一个环节，需要对本人进行的文化传播行为产生的各种后果负责。

个人作为网络文化社区的参与者，是附加文本创制主体之一，基于文本交流而形成的信息群,与已经进入传播状态的文本融合为附加文本,继续在媒体平台传播,个人需要对自己参与创制附加文本的行为负责,避免将任何对他人或社会可能产生危害的信息输入附加文本。只是出于情绪冲动而将没有经过理性审查的信息输入附加文本,或者明知输入附加文本的信息有可能产生不良后果而依然进行不良信息输入,此类行为属于严重违背文化传播伦理规则的行为。

文化传播形成无数条精神河流。文化传播所要遵循的伦理规则,是精神河流的两岸,不仅规训河流的方向,让它成为"一条大河波浪宽"的灌溉清流,带来"风吹稻花香两岸",而且是这条河流的航标,给那些等待解放和启蒙的精神指引迷津,形成"踏遍青山人未老,风景这边独好"的文化世界。

# 附 录

## 师 说[①]

(唐) 韩愈

古之学者必有师。师者,所以传道、受业、解惑也。人非生而知之者,孰能无惑?惑而不从师,其为惑也,终不解矣。生乎吾前,其闻道也固先乎吾,吾从而师之;生乎吾后,其闻道也亦先乎吾,吾从而师之。吾师道也,夫庸知其年之先后生于吾乎?是故无贵无贱、无长无少,道之所存,师之所存也。嗟乎!师道之不传也久矣,欲人之无惑也难矣。古之圣人,其出人也远矣,犹且从师而问焉;今之众人,其去圣人也亦远矣,而耻学于师。是故圣益圣,愚益愚。圣人之所以为圣,愚人之所以为愚,其皆出于此乎。

---

① (唐) 韩愈:《韩愈全集》(中),谦德书院译,团结出版社2022年版,第416—419页。

爱其子，择师而教之，于其身，则耻师焉，惑矣！彼童子之师，授之书而习其句读者也，非吾所谓传其道、解其惑者也。句读之不知，惑之不解，或师焉，或不焉，小学而大遗，吾未见其明也。

巫、医、乐师、百工之人，不耻相师。士大夫之族，曰师、曰弟子云者，则群聚而笑之。问之，则曰：彼与彼年相若也，道相似也。位卑则足羞，官盛则近谀。呜呼，师道之不复可知矣！巫、医、乐师、百工之人，君子鄙之，今其智乃反不能及，其可怪也欤！

圣人无常师，孔子师郯弘、师襄、老聃、郯子之徒。其贤不及孔子。孔子曰："三人行，则必有我师。"是故弟子不必不如师，师不必贤于弟子，闻道有先后，术业有专攻，如是而已。

李氏子蟠，年十七，好古文，六艺经传皆通习之，不拘于时，请学于余。余嘉其能行古道，作《师说》以贻之。

## 译文

自古以来学习必须跟从老师。所谓老师，就是传授道理、教授知识、答疑解惑的人。人并非生来就知晓一切学问，谁能没有疑惑呢？有疑惑却不向老师求教，问题将始终得不到解决。比我出生早的人，他学习知识自然比我早，我向他学习并尊他为师；比我出生晚的人，如果学习知识比我早，我也会向他学习并尊他为师。我是为了学习知识，又何必在意他的年纪是大是小呢？所以无论贵贱、老幼，什么地方有学问，什么地方就有我的老师。嗟乎！从师问学之道已经失传很久了，所以要想使人们没有疑惑也很难。古代圣贤，他们的学识远超于一般人，仍然虚心向老师求教；然而现代人的学识远不及古代圣贤，却耻于向老师学习。因此，圣贤之人越来越圣明，愚钝之人也越来越无知。圣人之所以被称为圣人，愚人之所以被称为愚人，就是出于这个原因啊。

人们关爱自己的孩子，便会挑选老师来教导他们，可是自己却耻于向老师求教，真是糊涂啊！那些教孩子们读书、识字的老师，并非我所说的传授道理、教授知识、答疑解惑的人。在学习过程中，不知文章如何断句，向老师求教，遇到疑难问题，却不向老师请教，小的方面学习了，大的方面反而放弃了，我没看出这种人的明智之处。

巫、医、乐师和各种手工匠人，他们彼此之间相互学习却并不感到羞耻。而士大夫之类的人，一旦有以老师、弟子相称的，就会被群聚取笑。问他取笑的原因，他们则会说：他俩年纪相仿，学识也不相上下。尊奉地位卑微的人为师，就会令人感到羞耻，尊奉官职高的人为师，就会被认为是谄媚。呜呼，从师问学之道无法恢复的原因也就可想而知了！巫、医、乐师、各种手工匠人，本是士大夫们所鄙夷的，如今士大夫的智慧反而不及他们，这难道不是怪事吗！

圣人没有固定的老师，孔子曾向苌弘、师襄、老聃、郯子等人求教。这些人的学问道德都不及孔子。孔子说："三人行，则必有我师。"因此学生不一定样样都不如老师，老师也不一定样样都比学生贤明，学习知识有先有后，掌握技能也各有所长，如此而已。

李氏有个名叫蟠的孩子，十七岁，喜好古文，对于六艺经传都很精通，他不受当时耻于从师的不良风气影响，跟随我学习。我很赞赏他遵循师道的做法，撰写这篇《师说》送给他。

• 211 •

# 第十章

# 文化消费的伦理规则

　　文化消费是指个人或组织机构运用文化资源满足精神生活需要的行为。文化消费的本质是精神自由的实现方式，也是增加精神自由所必需的条件。个人或组织机构在进行文化消费时，需要遵循各种伦理规则，承担伦理义务。

　　依据自由体现的属性，可以将人的存在方式分为三类，即自然存在、社会存在以及精神存在。自然存在方式体现人的自然属性，是人的生命得以存续的生理基础；社会存在方式体现人的社会属性，是自然属性的进化形式，人在各种交往关系中获得社会属性，社会属性是个体联合为社会共同体的基础；精神存在方式体现人的精神属性，精神属性是指人的意识活动能力以及意识活动内容，意识具有能动性，体现为人所具有的经验感知能力、知性学习能力、理性思考能力与创造能力以及意志将人的思想观念转化为行动的控制能力。人的精神属性即人的意识活动能力与意识活动内容由人的精神结构所决定。人的自然存在、社会存在与精神存在构成人的完整存在方式，精神存在通过对人的自然存在方式以及社会存在方式进行改造或创造，形成人的生活方式。通过文化消费，文化内容不断输入人的精神结构，人类的意识内容和意识能动性才有可能得到发展，人的精神结构因为文化的不断输入而不断改变内容和生产能力。

## 一　文化消费的条件

文化消费的条件是指个人和组织机构在消费文化时所需要的文化产品、精神能力、人力、物力、权力、财力、技术等条件。

文化消费需要相应的文化消费能力即文化消费的精神能力。文化不是自然产物，是人的精神劳动的产物，是为了满足人的精神生活需要、完善人的精神结构而被创造出来的劳动产品，因此，消费文化产品的主体需要具备一定的精神能力，才有可能掌握文化消费方式，获取文化信息，从文化消费中得到满足。在生活中存在这样一种现象：一个从来没有受过任何文化教育和艺术训练的人能够因为听一段说书人的精彩叙述而获得享受，能够被一段悦耳的音乐声打动，这种现象是否意味着个体消费文化不需要一定的精神能力？恰恰相反，这正是文化消费需要精神能力的体现。即使那些从来没受过文化教育的人能听懂说书内容，能接受这种艺术形式，也说明他具备相应的精神能力，只不过精神能力比较初级，没有接受过正规化、专业化训练而已，但是在日常生活中，在社会交往中，他的精神能力已经得到训练和初步提升，具备了语言能力和思维能力，文化的社会文本已经构成个人接受文化教育的外在环境。并不是说没有受过专门的音乐欣赏训练就不具备消费音乐的能力，在一个人的成长过程中，他必然生活在文化的社会文本环境之中，自然而然受到一定的艺术启蒙。文化消费具有层级分化特征。文化消费分为感性层级的文化消费、知性层级的文化消费和理性层级的文化消费三种方式。感性层级的文化消费是指为了感官愉悦、宣泄情感、表达情绪而消费文化产品；知性层级的文化消费是指需要一定的教育水平和艺术素养条件才能够完成的消费方式；理性层级的文化消费是指只有受过专门训练、具有相应的专业素养和艺术素养才能够充分完成的消费方式。由于文化消费层级不同，文化消费对于消费主体精神能力的相应要求也不同。文

· 213 ·

化消费需要一定的物力和财力支持。文化消费的产品是精神劳动的产物，是人类共同创造的精神资源。无论是物质生活资料的消费还是精神生活资料的消费，所消费的资料如果只是停留在自给自足阶段，只能是低水平的简单重复的消费方式。人类对于自由的渴望，对于物质生活自由与精神自由的需求，必然扩大人类对于消费资料的需求，因此也需要更多的物质资料或精神资料进入消费环节成为兑现自由和扩大再生产自由的条件。文化传播的本质是文化产品交易，无论是物物交换还是以货币为中介的交换，需要文化消费资料的个体必须拥有可以用来换取文化消费资料的物或货币，因此他必须具备一定的物力与财力才有可能顺利进行文化消费行为。

文化消费需要一定的技术与设备支持。文化产品的呈现形式或再现方式是叙述文本。叙述文本需要借助于各种载体得到叙述或呈现，这些载体包括语言、声音、符号、动作、物体等。依据内容，可以将文化的叙述文本分为知识文本、规则文本、艺术文本以及游戏文本几类。知识文本借助于各种符号和载体，将认知结果呈现。规则文本是叙述行为规范和公共制度体系的文本。艺术文本通过符号、语言、动作、音像等载体进行完整的单元呈现。游戏文本的载体经过三个变种：第一代载体是行为组合；第二代载体是文字表达的游戏程序或相关规则；第三代载体是电子游戏，以电子产品的形式展现游戏文本。个人需要借助于各种呈现文本的设备和技术才能完成文化消费行为。

文化消费需要一定的物质资料条件。文化消费属于精神需求，在人的需求结构中属于高等需要，只有在人的物质生活需要得到满足的基础上，精神需求才有可能上升为第一需求，如果物质生活水平低下甚至温饱问题都没有解决，文化消费必然受到极大限制。同时，文化消费资源的物力元素也包括文化消费本身所需要的物质资料，如场地、设备等。文化消费所需要的权力资源，是指文化消费主体由于不同社会身份而具有不同权力，不同权力对应不同的文化消费可能。个人、公共机构以及商业组织拥有的文化权力并不相同,因此他们获取文化资源的可能性存在很大差异。文化消费所需要的财力元素是指文化消费者所拥有或能够支配的用来进行文化消费的资金。文化消费所需要的技术元素是指文化消费所需要的技术条件。

## 二 现时代的文化消费方式

互联网技术、数字技术、人工智能等科学技术,正在重构人类社会的生产方式、交往方式以及生活方式。文化消费方式的改变带来了精神生活方式的改变,个人精神结构和公共精神结构出现了新的发展形式。

### (一)高速率文化消费

现时代的文化消费属于高速率的消费方式。高速率消费方式产生的根本原因有三方面:一是物质生产力水平的提升;二是文化传播技术改变信息流动方式;三是文化呈现方式与表达方式的重大变化正在重构人们获取文化的方式。

前沿科学技术不断发生颠覆式革命,不断推动物质生产力水平跃升。物质生产力水平提升对于精神生产的意义不仅在于为精神劳动者提供更为丰富的物质生活资料保障,而且在于新技术可以改进生产工具,精神劳动方式不断得到高端技术支持,精神生产力水平急速提升,文化生产方式随之发生变化。在前互联网时代,一个研究者撰写一篇学术论文需要查找文献资料,必须在不同图书馆、不同地域的藏书机构之间奔走,记录所需要的资料;在互联网时代,一台联网的电脑设备或者一部手机就是一座移动图书馆,极大缩短了文化生产调用精神资源的时间。文字输入技术、文本修改技术、文本输出技术彻底改变了文化生产方式。

文化传播技术革命改变文化文本流动方式。文化文本流动的主要方式不再是载体流动。传统的文本流动方式是以纸媒为载体,通过纸媒即书籍的流动而带动文本流动，实现信息传播。在互联网时代，文本电子化契合了信息技术时代的传输方式，文本流动不再是通过书籍等载体在不同主体之间通过空间移动而实现流动，而是通过互联网平台，以电子文本形式流动到不同的移动互联终端设备，流动的是文本，不动的是载体，人们只要打开互联终端设备，即可实现文本流动，无论是远在千里之外，还是跨越不同时代，互联网世界的信息海洋犹如储量无限的水库，只要打开连接设备就可以实现信息传播，而且信息在传播过程中不会损耗内容，是一种无限分众的传播。

在信息技术时代，文化文本表达或呈现方式发生了根本变化。在纸媒时代，文本呈现方式是基于纸媒的文字与符号化呈现，但是在新媒体时代，文本呈现方式是基于电子设备的影像呈现。文本以影像方式呈现在设备显示器屏幕上，随时开启和关闭，随时读取或储存，而不是像纸媒时代那样阅读一本书就要携带或打开一本书，古时所谓"学富五车"，意指读的书本（竹简）需要用五辆牛车装载，"五车"很重，但是所蕴含的信息有限。而如今，数据信息在现代电子设备上以电子文本的形式显现，无论增加多少文本，文本载体重量不再随之增加。文本呈现技术的改变极大方便了文化消费者，他是一个轻快的文化消费者，而不是消费一个文化就需要移动一个文本载体的"重量级消费者"。物质生产力水平的提升、文化传播方式的高技术化以及文化文本呈现方式的变化，从根本上改变了文化消费条件，人们可以在花费很少时间的情况下，获得更多的文化资源，接受更多的信息输入，高速率文化消费方式由此形成。

## （二）市场化文化消费

所谓市场化文化消费方式，是指文化消费与市场机制紧密关联，通过市场交易获得文化产品，为获得文化商品而付费，按照市场规律调整自己的消费层级和消费数量，最终形成文化消费与文化生产、文化传播一体化的消费方式。市场化文化消费导致了很多社会变化，文化消费者不再是纯粹的消费者角色,他同时扮演着文化商品的选择者、文化信息输入的决策者以及自我精神结构的责任人等角色。市场经济体制中的交易讲求的是效率、公平与平等,作为文化市场参与主体,文化消费者在获得消费效率的提升、公平参与文化价值关系、受到平等对待的同时,必须担负起不断完善自我精神结构和社会精神结构的责任,既然有选择的自主权,就必须为自己的选择负责,承担伦理责任。

### (三) 交流式文化消费

所谓交流式文化消费,是指人们在消费文化的过程中,参与文化文本的研究、解读、讨论与交流,并将自己的思想观点加入文化内容,在原有文化内容基础上形成"叠加文本"。叠加文本继续传播,成为其他消费者读取的文本。在互联网和新媒体时代,由于信息交流与传播技术提供的便利,文化被消费的同时,读者发出的附加信息也不断增长,形成"滚雪球"效应。附加信息成为后续消费者的浏览对象,并成为后续消费者解读原文本的借鉴,由此,文本一边被消费,一边被生产,从原文本过渡到叠加文本,形成叠加式文化消费方式。叠加式消费方式将文化内容从封闭状态转变为开放状态,从消费者获取信息的读取文本变为消费者附加个人意识内容的输入文本。他将每个文化消费者变成潜在和现实的文化生产者,将文化文本的创制,从生产环节延伸到传播和消费环节,扩大了文化消费的责任。

### (四) 广播式文化消费

所谓广播式文化消费,是指文化消费者将消费的文化文本以及消费活动过程,以某种方式发布在公众平台,如微信朋友圈或微博个人账号等,将个人文化消费行为广而告之,成为公开行为。广播式文化消费将文化消费与文化传播行为相结合,成为一种新的文化消费方式。一方面,个人以身示范,在一定范围内产生影响,形成文化消费示范效应,这种文化消费示范经由互联网传播后，可能产生很大的社会影响。另一方面，个人文化消费过程以图文形式被加工成为信息文本，呈现在公共传播平台，等同于个人在进行文化文本推介或文化传播。在新媒体时代，很多人正是通过阅读他人的朋友圈发现了很多原文本，从而获得了更多的文化资源，获得文化消费指引，由此，文化消费转化为文化传播，文化消费与文化传播合二为一，文化消费主体同时也是文化传播主体。文化消费主体承担着伦理义务，不仅应该遵守文化消费的伦理规则，而且应该遵守文化传播的伦理规则。

### （五）过滤式文化消费

过滤式文化消费是指文化消费主体在决定将何种文化文本作为消费对象的时候，依据自己的消费目的对文化文本进行"过滤"，最终选择自己满意的文化产品或文化商品进入消费环节。过滤式文化消费的形成需要三个条件。一是文化生产力水平达到一定程度，文化产品丰富，文化消费主体有足够的文化文本选择余地；二是文化传播技术足以让大量文化文本同时呈现，文化文本的电子化成为多文本同时呈现的条件；三是文化商品消费成本与文化消费主体的经济能力相匹配，如果文化商品过于昂贵，而文化消费主体消费成本承担能力有限的话，则文化文本选择范围必然受到限制。现时代的文化生产力水平得到极大提高，文化产业的发达能够为社会公众的文化消费提供大量文化产品；文化传播技术能够为多种文化文本的同时呈现提供条件。互联网技术已经创建了文化大市场，文化商品复制的成本越来越低廉。文化消费主体不一定要通过购买文化商品进行消费，他只需要以付费方式在线读取或欣赏文化文本，或者只需要付出互联网流量的相关费用就可以进行在线文化消费，而不需要购买和储存文本。对于文化商品经营者而言，互联网和新媒体平台可以同时容纳大量的文化消费行为，如果一个文化商品同时被多人消费，文化消费成本就会被摊薄，文化消费主体需要支付的相关费用也将会逐渐降低。现时代的技术条件为过滤式文化消费提供了充分条件，文化消费主体可以在付出很小经济代价的情况下获得大量文化资源的消费可能，可以从容选择文本并决定何种文化进入消费环节。在通过过滤程序选择所要消费的文化的过程中，文化消费主体需要对自己的选择行为承担相应的伦理义务。

## 三 公共机构文化消费的正义规则

公共机构代表社会公众行使公共权力，公共机构的文化消费行为属于公共行为，需要遵循相关伦理规则。

1. 公共机构的文化消费应该以"为人民服务"为总目标。公共机构代表人民行使公共权力，其行为目标只能是为了人民，为人民服务，以人民立场作为价值立场。如果离开了"文化为人民服务"这个总目标的指引，文化消费有可能会被用来为某些特殊利益团体服务，甚至于为某些特权服务。如果不将服务人民作为文化消费的总目标，人民群众的文化消费就有可能沦为文化商业的工具或手段，而不是目的。

2. 公共机构应该以公共投入的方式为社会公众提供文化消费资源。社会公众进行文化消费，需要大量的文化资源，公共机构通过市场机制或无偿使用的方式为社会大众提供文化消费服务，但是不能将投入到公众文化消费的资本当作赚取经济利益的工具。对于公立医院、公立教育、公共文化设施等公共文化消费资源的投入，只能是公益性质，而不能是商业性质。

3. 公共机构应该选择优良文化作为公众的文化消费资源。文化消费分为感性层级的文化消费、知性层级的文化消费和理性层级的文化消费。感性层级的文化消费是指为了感官愉悦、宣泄情感、表达情绪而消费文化产品；知性层级的文化消费是指为了学习某一方面的经验知识而消费文化产品；理性层级的文化消费，是指个体学习高端理论知识消费文化产品，或者是为了提升理性思考能力以及理性创造能力而消费文化产品。社会公众的文化素养以及文化需求存在个体差异，公共机构选择的文化消费产品需要契合各个层级消费者的多种精神生活需求，但无论选择什么样的文化产品，都要严格把关，审验文本内容，不能让那些负载落后和腐朽精神元素的文化文本成为公众的文化消费资料。

4. 公共机构应该尽可能为文化资源欠缺的地区和人群提供更多的文化消费资源。对于一个国家而言，由于地理环境、人文基础以及其他因素的不同，各个地区的经济发达程度不同，个人经济能力也具有差异，由此导致文化资源在不同地区或不同人群中的分布不平衡，形成了明显的文化资源分布落差。文化资源分布的不平衡进一步加大了各地区之间发展水平以及个人之间发展水平的差距，有可能形成恶性循环。打破恶性循环、改变地区发展不平衡状况的根本途径是公共权力向欠发达地区投入更多的文化资源。公共机构应该优先关注文化消费资源短缺地区，将更多文化资源投入欠发达地区，将经济支持与文化支持结合起来，将经济支援与精神发展融为一体。

## 四　商业组织文化消费的正义规则

商业组织的文化消费是指商业组织为本组织内部成员提供文化资源进行文化消费的行为。

1. 商业组织应该为满足成员的文化消费需求投入文化资本。对于一个商业组织而言，其成员分为两类：一类是商业资本主体，即那些凭借对资本的所有权或控制权而拥有了对于该商业组织控制权的人，他们拥有商业组织运营的管理权和话语权；另一类是受雇于商业组织、依靠提供劳动而获取合法收入的劳动者，他们与商业组织之间存在劳动契约关系，不具有领导商业组织的权力。商业组织的社会属性是依据资本运作为自己谋取经济利益，法律没有规定商业组织需要投入文化资源为员工文化消费提供条件。但是从伦理义务而言，每个员工都应该受到善待。他们在商业组织中不仅仅是提供劳动而获得一份工作，而且这一份工作也是他们的生活方式。完整的生活方式，既有物质生活，也有交往生活，还需要精神生活。因此一个有伦理责任的企业应该投入文化资源为满足员工的文化消费提供条件。那些为满足员工文化消费投入文化资源的商业组织，能够形成良好的企业文化，员工的精神面貌和团体凝聚力优于那些没有良好企业文化的商业组织。员工是一个商业组织最大的资本即人力资本，人才是商业组织的硬核实力。商业组织投入文化资源为员工进行文化消费服务，不仅遵循正义规则，而且符合自身利益。

2. 商业组织选择优良文化作为消费资料。文化消费分为感性层级的文化消费、知性层级的文化消费和理性层级的文化消费。那些用来满足感性层级消费需要的文化为感性层级的文化产品；那些用来满足知性层级消费需要的文化为知性层级的文化；那些用来满足理性层级消费需要的文化属于理性层级的文化。高层级文化对于低层级文化具有兼容性，即反向兼容，也就是说，理性层级的文化可以用来满足知性层级和感性层级的消费需要，知性层级的文化也可以用来满足感性层级的消费需求。但是低层级文化无法正向兼容，那些属于感性消费层级的文化，往往不具有正向兼容性，即很难用来满足知性层级或理性层级消费的需要。正因为如此，文化发展存在专业水平差异以及理论难度的差异。如同一本高深的哲学著作，读者在阅读和觉悟中获得理性启蒙的同时，也能够感受到身心的愉悦，但是读一篇通俗小说或听一首流行歌曲，却无法提升人的理性能力。商业组织在为成员提供文化消费服务时，应该选择那些优良文化产品作为消费资料，不仅要给成员带来身心愉悦和感官快乐，也要为促进他们的知性和理性进步提供文化条件。在市场经济社会，对于那些将自己的劳动提供给商业组织的人们而言，他们很多的生命时光、发展与进步的机会，与商业组织密切相关，如果商业组织没有担负起促进人的自由而全面发展的责任，也就是商业组织成员没有受到合乎伦理标准的善待，其正当文化权利受到损害。商业组织投入文化资源为成员的心灵愉悦和理性成长提供条件，也就是遵守了正义规则，商业组织因此也将获得文明社会的伦理属性。

## 五 教育组织文化消费的正义规则

1. 教育组织应该将保障文化消费作为核心任务。教育组织的文化消费投入就是文化生产投入，因此应该将保障文化消费作为核心任务。教育组织不是公共权力机构，更不是商业组织，从社会属性而言，它是文化机构，是为了促进文化生产和文化传播而存在，在此基础上通过文化教育培养人才，从而为个体思想解放、理性启蒙、德性养成、理想和信仰的确立以及艺术素养的提升创造条件。立德树人是所有教育组织的行动目标，教育组织应该以保障文化消费作为核心任务。教师和学生的文化消费分为感性层级的文化消费、知性层级的文化消费和理性层级的文化消费。感性层级的文化消费属于"过程性消费"或"感觉性消费"，消费行为结束了，消费后果随之消失，即感性愉悦结束。文化消费的特殊性在于，文化消费过程也是生产过程。感性层级的文化消费只是单纯的文化消费，不具有生产功能，个体感官得到愉悦、情感得到宣泄、情绪得到表达等，是感性层级文化消费的效果。知性层级的文化消费是个体知性结构的生产过程，通过文化消费，个体掌握的知识数量得到增加，知识结构发生改变。理性层级的文化消费是理性结构的生产过程，通过文化消费，个体理性结构发生改变，理性能力得到提升。知性层级的文化消费和理性层级的文化消费结果并不是感性愉悦，而是促使人的精神结构发生变化，精神生产力有可能因此得到提升。教育组织推动文化消费，就是为了实现教育接受主体知识的不断增长，理性得到启蒙，理性活动能力得到提升，思想得到解放，德性获得培育，理想和信仰的确立得到指引，艺术素养得到完善。因此，教育组织的所有工作都应该以保障文化消费作为核心任务。

2. 教育组织应该保障感性层级的文化消费。教育组织以满足知性层级文化消费和理性层级文化消费为首要目标，这是教育组织实现工作目标的基本途径。任何教育接受主体在教育组织中接受正规教育，绝不是为了娱乐或获得感官愉悦，而是为了知性的丰富和理性的成长，找到真理和良好的价值观，确立道德观、理想和信仰，并得到艺术涵养。但是从人的自由而全面发展的目标而言，仅仅满足于知性层级和理性层级的文化消费并不完善。从存在方式而言，人有物质存在方式、交往存在方式与意识存在方式之分，意识存在方式的高级阶段或社会化阶段就是精神存在方式。意识存在方式包括感性活动的存在、知性活动的存在以及理性活动的存在。感性活动的存在产生各种需求，这些需求形成个体生存意志和感官愉悦的渴望。感性活动是人的意识结构的一部分，文化消费不可能无视感性需要而只关注知性和理性；感性内容不完善，有可能造成人格缺陷，影响理性活动。人的意识并不是如同电脑硬盘那样可以被划分为感性、知性和理性三个区域，所谓感性、知性、理性，不过是人的意识能动性的三种应用方式，是针对不同对象、不同行为目标而应用意识能动性指挥行为的方式，人的意识是一个整体，感性内容必然影响到知性和理性活动。对于教育接受主体而言，发达而完善的感性，优美而丰富的感性，是人的精神结构得到完善的体现，也构成了精神完善的基础，没有完善的感性基础，精神结构不可能完善。因此，教育组织在运作文化资本保障教育接受主体的知性层级和理性层级的文化消费需要的同时，应该投入文化资源以满足教育接受主体的感性层级的文化消费需要。动听的音乐、美丽的风景、庄严的仪式、活泼的社团，这些都是教育组织需要着力创制的校园文化，它们是教育接受主体美丽心灵得到关心和爱护的方式。

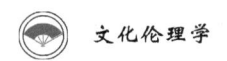

## 六　个人文化消费的正义规则

每个人都需要对自己精神结构的发展与完善负责，必须将个人自由运用于完善身体和灵魂，而不是用来损害自己和他人。个人的文化消费不仅是精神自由的实现形式，也是增加精神自由的条件，个人的文化消费应该遵循正义规则。

1. 个人应该为文化消费提供资源。个人应该为本人的文化消费提供条件，从而为自己的意识发展和精神结构完善提供保障。人有三种存在方式即物质存在、交往关系存在以及意识存在。人的物质存在方式的延续产生物质生活需要，人的关系存在方式的延续产生交往生活需要，人的意识存在方式的延续产生精神生活需要。每个人能够支配的物质资料、交往方式以及精神资源是有限的，如何分配个人资源，如何运用个人资源满足物质生活、交往生活和精神生活的需要，不仅取决于客观条件，也取决于个人价值观念和伦理观念。物质资料只能给人提供生存所需要的基础条件，物质条件的高端并不意味着人的发展的高级阶段，更不意味着生命的全部意义。那些固执于物质消费满足的人，只会因为物质消费而将自己禁锢在初级发展阶段。意识的进步、社会意识的发达、精神结构的完善、精神自由的增加，才是人的发展的高级阶段的标志，才是生命的意义。在个人资源有限的前提下，在力所能及范围内，只要生命得到存续，个人就应该将一部分个人资源运用于文化消费，为自己的文化消费提供条件，从而为自己的意识发展和精神结构完善提供保障，这是每个人的文化义务，是每个人对于自己义不容辞的责任，也是对社会、他人和人类的责任，因为人类发展状况最终体现为每个人的存在方式和发展水平。

2. 个人应该为生产型文化消费投入更多文化资源。个人应该将更多的文化资源投入生产型文化消费中。生产型文化消费是指那些作为增加精神自由手段的文化消费方式。在文化消费过程中会消耗精神资源，这不仅是运用精神资源的自由，而且会带来精神资源的增加，为精神自由的扩大再生产创造条件。通过知性层级和理性层级的文化消费，人的精神结构会发生变化，精神生产力有可能因此得到提升，精神自由得到扩大再生产。

在文化资本有限的前提下，个人将文化资源投入消费领域，并决定着文化消费行为的属性是消耗型消费还是生产型消费。消耗型文化消费对于人类而言意义重大。人是有限的理性存在者，但首先是感性存在物。人的欲望和愿望是生存的本能，人的情感和情绪是意识的一部分，是心灵对外界环境和自我境遇的本能反应方式。情感需要抚慰，情绪需要表达，感性层级的文化消费可以抚慰情感，表达或宣泄情绪，让心灵重归平和宁静。但感性层级的文化消费属于消耗型消费，个人消耗文化资源只是体现文化资本运用的自由，却不能增加精神自由，不能丰富个人意识。人的自由而全面发展，人类社会的进步，最终依赖于生产型文化消费。当一个人明白了他真正需要的是精神结构的完善，以及由此获得更多的精神自由和物质自由的时候，就有可能愿意将文化资源更多地投入生产型文化消费中。

3. 个人应该通过文化消费学习情绪管理。个人应该通过文化消费学习情绪管理，提升情绪管理能力，创造积极的情绪价值。这个世界上有一种天然存在物，在每个人那里都得到公平分配，那就是情绪。无论是贫穷还是富有，无论是高官还是平民，无论是学富五车的大师还是目不识丁的农夫，无论是高僧还是俗众，都会与情绪相伴一生。你喜欢或不喜欢，它都在那里。情绪是精神财富，如果没有情绪，人就会形如槁木、心如死灰；情绪可能造成精神灾难，只要有了它，人就会喜怒无常、心猿意马。它是如此常见，以至于让人视而不见；它是如此不平常，以至于没有任何人能够做到面对任何情况都可以无动于衷。情绪是人的自然属性的表象，但是如何管理情绪，按照伦理的方式呈现情绪,是人的社会属性完善程度的反映。每个人,都应该通过文化消费不断完善个人情绪管理。一个有情绪的人,是正常的人,但却是一个可能被情绪控制而失去部分意志自由的人;一个善于管理情绪的人,才是一个觉醒的人,一个文明的人,一个逐渐摆脱野蛮而可能获得高贵品质的人。

情绪是人的感性存在方式,是指人的意识在一定情境下对于外界事物与自己关系的反应方式,属于肯定或否定、接纳或排斥的心理体验。从生活经验而言,那些能够满足人的某种需要的事物会引起人的肯定性体验,如欢乐、满意等;那些有可能对人的存在造成损害的事物会引起人的否定性体验,如愤怒、憎恨、哀怨等;那些在个人看来与他的存在方式与行为目的无关的事物难以引起人的情绪波动,即对于此类事物的无所谓心态。从日常经验可以看出,积极的情绪可以提高人的活动能力,而消极的情绪则会降低人的活动能力。普通心理学理论知识从不同的角度将情绪分为以下六大类:第一类是原始的基本情绪,往往具有高度的紧张性,如快乐、愤怒、恐惧、悲哀;快乐是盼望的目的达到后或者紧张被解除时的情绪体验;愤怒是愿望目的不能达到、一再受阻、遭遇挫折后积累起来的紧张情绪体验;恐惧是在准备不足、不能应付危险和可怕事件时产生的情绪体验;悲哀是与所热爱和追求事物的丧失、所盼望的事物的幻灭有关的情绪体验;第二类是与感觉刺激有关的情绪,如疼痛、厌恶、轻快等;第三类是与自我评价有关的情绪,主要取决于一个人对自己的行为与各种标准对比关系的知觉,如成功感与失败感、骄傲与羞耻、内疚与悔恨等;第四类是与别人有关的情绪,常常会凝结成为持久的情绪倾向与态度,主要是爱与恨;第五类是与欣赏有关的情绪,如惊奇、敬畏、美感和幽默;第六类是根据所处状态来划分的情绪,如心境、激情以及应激状态等。[①]

---

[①] 参见彭聃龄《普通心理学》,北京师范大学出版社2019年版,第374—378页。

情绪与人的行为之间有必然联系，任何行为背后的意识都包含情绪元素。正因为如此，情绪具有价值属性，即情绪可以成为实现某种目的所需要的条件。情绪所引发的行动，即情绪表达方式以及情绪影响的行为，对于自己或他人实现某种目的具有积极作用或消极作用。情绪的价值属性成为情绪价值关系的存在条件，所谓情绪价值关系，是指情绪表达方式以及情绪影响的行为与期望目标之间的关系。情绪价值关系包括积极价值关系和消极价值关系，积极的情绪价值关系是指情绪对于目的或目标具有建设作用，能够成为目标或目的的实现条件；消极的情绪价值关系是指情绪对于实现目的或目标具有阻碍甚至破坏作用，无法成为目标或目的的实现条件。情绪价值关系的本质，是指情绪的表达方式以及情绪影响的行为，对于自己和他人兑现自由或扩大再生产自由具有什么样的作用，是成为建设性条件还是阻碍因素。

在人类文化成果中，文化文本不仅记载和表达了人类的各种情绪，也阐明了很多情绪应该如何表达、人们应该如何管理情绪从而调控行为方式的道理。通过文化消费，个体学习情绪表达的合理方式，认知情绪管理方法和情绪应该遵循的正义规则。《论语·学而》记载道，子禽问子贡："夫子至于是邦也，必闻其政。求之与，抑与之与？"子贡说："夫子温、良、恭、俭、让以得之。夫子之求之也，其诸异乎人之求之与？"这段话记载了子禽与子贡关于情绪表达方式与行为结果关系的讨论。子禽问子贡：老师每到一个国家，必定可以听到这个国家的政事。这是求来的，还是别人主动告诉的？子贡回答说：我们老师啊，是靠温、良、恭、俭、让的品质得来的，他老人家获得（政事）的方法，也和平常人不同吧。子贡所说的温是指平和敦厚，说话和气，即好好说话；良是指平易、直白、坦率；恭是指庄重恭敬；俭是指节制；让是指谦逊。温、良、恭、俭、让，正是治愈现代人情绪症候的伦理良药。人的情绪，只要对自己和他人产生某种影响，就意味着情绪价值关系的产生，不良情绪对自己和对他人的伤害，尤其是不良情绪对他人所造成的心理伤害，例如对他人使用语言暴力、讽刺挖苦、辱骂、恐吓等造成的后果，往往比身体伤害和物质伤害要大得多。心理伤害或精神伤害，是这个世界上最深的伤害，也是最难以治愈的伤害。规避情绪伤害的最好方法，就是每个人通过文化消费，明白情绪管理的方法和道理，用伦理原则和规则约束情绪，管控情绪对于行为的支配力度，从而使得自己成为一个有节操的人，而不是放任情绪伤害他人的粗暴之人。

通过文化消费，个体向自己的意识结构输入文化信息，学习情绪管理的道理与方法，并依靠强大的意志力按照情绪应该如何的伦理规则调控自己的情绪表达方式，控制情绪对于行为方式的影响程度，这个过程，是个人获得德性、修炼道德品质的过程。所谓德性的完善，不是情绪或本能冲动的状况，而是意志按照一定的道德原则或法则，调控本能和情绪以及情感，从而使得个人的意识状态在某种程度上符合某些原则或法则的要求，这种意识活动状况能够转化为稳定的行为方式，这就是德性的完善状况。每个人都应该通过文化消费学习和修炼情绪管理，从而获得良好德性。

4. 个人应该通过文化消费培养美好情感。个人应该在文化消费中逐渐培养起更加完善的情感结构和情感表达方式。情感与情绪不同。情感是情绪的高级形式，是情绪反应的稳定形式和情绪活动的结果，是情绪的社会化形式。情绪来源于人的意识对于外在事物的天然反应方式，经过文化涵养和个人修炼，情绪就可以得到控制，并以合乎伦理规则的方式表达出来。情感是意识能动性的体现，是人的先天能力，但是情感表达方式的完善，美好情感的培育，通过各种途径培养美好情感并将美好情感输入个体精神结构之中，是后天努力的结果，是人得到自由而全面发展的体现。

人类在漫长的社会发展和文化教化过程中，逐渐形成了各种美好的情感，它们是人的社会属性的一部分，是人的精神结构完善的尺度。仁爱、友善、同情、怜悯、尊敬、庄严，都是人类宝贵的精神财富，是人类精神结构完善的路标，从野蛮通往文明的道路上的里程碑。对祖国的忠诚，对父母和亲人的敬爱，对大自然和文化的依恋，对科学知识和真理的向往，对他人的友善，对于苦难和不幸者的同情，对于弱者和困苦之人的怜悯，对于先贤和尊长的尊敬，对于伟大价值的庄严尊重，这些都是人类的美好情感。

情感具有价值属性。情感所引发的行动，即情感表达方式以及情感影响的行为，对于自己或他人实现某种目的具有积极作用或消极作用。情感的价值属性成为情感价值关系的存在条件。所谓情感价值关系，是指情感表达方式、情感影响的行为与期望目标之间的关系。情感价值关系包括积极价值关系和消极价值关系，积极的情感价值关系是指情感对于目的或目标的实现具有建设作用，能够成为目标或目的实现条件；消极的情感价值关系是指情感对于目的或目标的实现具有阻碍甚至破坏作用，无法成为目标或目的实现的条件。所有的目标或目的最终都可以还原为某种自由的兑现或自由的扩大再生产。情感价值关系的本质，就是指情感的表达方式以及情感影响的行为，对于自己和他人兑现自由或扩大再生产自由具有什么样的作用，是成为建设性条件还是阻碍因素。

文化文本具有储存功能、记忆功能、表达或呈现功能，记载了人类在漫长的社会发展过程中精神生产积累的丰富成果。通过文化消费，个体在文本中发现了美好情感，认知和理解美好情感的表达方式应该依据什么样的原则和标准，认识到情感对于人的行为有重大影响因而需要用意志控制情感的意义；让自己的心灵接受文本所呈现的那些美好情感表达方式的熏陶。由此，个体文化消费行为，符合了文化消费应该遵循的伦理规则，情感的完善是人的完善的基本标志。

5. 个人应该在文化消费中追求科学真理。每个人都应该在文化消费中追求科学真理，运用科学真理提升理性能力。只有科学真理能够为人类带来真正的自由,只有经过科学真理教导和哺育的理性才有可能不断完善。人是有限的理性存在者,每个人由于活动范围或生活领域的限制,能够获得的直接经验必然有限。经验经过知性加工后成为知识即间接经验,人们通过文化文本输入,学习间接经验。间接经验的获取,为人类突破个人直接经验的局限提供了可能,不仅可以为人们认识事物提供方法和结论,而且可以为人的知性内容的不断丰富提供条件。人的精神结构的发展与完善,从知性元素的丰富和完善开始。并不是所有知识都会带来知性的丰富和完善,只有那些科学真理才能够代表人类知性完善的正确方向,才能够开阔视野,启发认知,破除迷信,摆脱教条。但是仅仅丰富知性元素是不够的,在可能的情况下,个体需要通过文化消费提升自己的理性能力,完善自己的理性结构,获得关于存在的系统化和理论化的知识,在此基础上,一切从实际出发,实事求是,探索事物的本质和规律,将理性与科学绑定,在科学真理的指引下不断创新知识。每一个人都应该通过文化消费将科学真理输入进精神结构,只有科学真理才是实现人类思想解放和精神自由的奠基之石。这是每个人对于自己以及对于全人类所承担的伦理责任。

6. 个人应该通过文化消费建构优良价值观念。每个人都应该通过文化消费不断反思价值观念,选择优良价值观念,摆脱落后,走出愚昧,从而不断完善自己精神结构中的价值观念。人的一切有意识的行为,人类社会的存在与发展,都与价值观念紧密相关。自然规律和社会历史规律等客观条件为人类社会存在状态与发展趋势设定了必然性基础,奠定底层逻辑,价值观念是预设人类社会存在状态和发展趋势的主观能动性条件。在客观实在性基础之上,个人有什么样的价值观念,他的生存与发展状况便会呈现什么样态;社会公共精神结构具有什么样的价值观念,社会存在与发展状况就是什么样态。

每个人都是自己的行为主体。但并不是每个人都能够非常清楚而全面地认识到行为目的或目标的实现需要什么条件。通过文化消费,人们在那些优秀文化文本中可以认知伟大价值观。这些伟大价值观，指引人类从蒙昧和黑暗走向觉悟和光明。那些伟大人物和时代英雄对于人类社会发展所做出的贡献，永远不应该被漠视，不应该被遗忘，那些高尚的人，他们所奉行的价值立场，是人类宝贵的精神财富，这些优良价值观被保存在文化中，通过文化消费，向个人输入优良价值观念，促进人的价值观念的完善。

7. 每个人都应该在文化消费中促进德性完善。每个人都应该在文化消费活动中学习伦理知识，确立道德意识，促进德性完善。道德之"道"是指那些对于人的行为目标完善与否以及行为方式正当与否做出的原则性规定，即伦理的完善原则和伦理的正义原则。依据伦理原则设定行为规范，规范是原则在具体价值关系中的实施细则。德性或道德品质包含以下几个核心元素：一是精神品质的理性状况即非理性意识和行为的理性品质，是指个人的欲望、情感、情绪在理性指导或控制下所达到的良好状态；二是精神品质的善良属性，即能否对自己和他人怀有善意；三是精神品质的正义属性，即个人价值行为是否能够按照"道"的要求即遵守正义规则而言行；四是精神品质的高尚属性，是指个人是否能够为了他人和集体的正当利益而努力行动，为了那些被认为是正义的事业如全人类的自由和解放事业而努力奋斗，甚至不惜为此牺牲自己的价值和自由。

每个人都有向善的必要，因为只有一个道德观念不断完善的人，行为符合伦理要求的人，才有可能被社会和他人接纳，才能够通过生产、交换等活动获取自己的生存条件和发展条件。每个人都有向善的可能，不仅是因为每个人都希望改善自己的外部生存环境和心灵秩序，而且是因为人类的文化文本，记忆、储存和呈现了各种伦理原则和伦理规则，为人们引导行为提供参照标准，为人类文明设置路标。思想家之所以伟大，就在于他们创造了伦理和科学，不仅为人的自由而全面发展以及社会进步提供了方法论，而且提供了价值观和伦理思想。孔子将"智、仁、勇"称为"三达德","仁者人也,亲亲为大;义者宜也,尊贤为大;亲亲之杀,尊贤之等,礼所生焉。"仁以爱人为核心,义以尊贤为核心,礼就是对仁和义的具体规定。孟子在仁义礼之外加入"智","仁之实事亲是也;义之实从兄是也;礼之实节文斯二者是也;智之实,知斯二者弗去是也"。董仲舒认为仁、义、礼、智、信为一个人修炼德性的"五常"原则。仁即仁爱、爱人,以人为目的,而不是将他人作为手段,与康德的伦理学目的论不谋而合。义,指适宜、应该,在今天指正义或正当。礼,指礼节、礼貌以及礼仪,指内生于心、外化于行的言行方式,体现在文化的社会文本中。智,是指智慧和觉悟,是对于各种事物的深刻理解和准确认知,并能够准确认识到如何言行才是有效而正当的。信,是指诚信、信用,一个人的言行要值得别人信赖。此外,礼、义、廉、耻被认为是公共精神结构中的伦理"四维",维即道德纲要或道德原则;忠、孝、仁、爱、信、义、和、平被称为"八德",是个人按照四维而修炼身心、规范意志自由和行为自由而获得的精神品质。

每个人都应该通过文化消费,在文化文本中发现那些引导人性如何更加完善、维系社会共同体稳定和发展的道理、行为规范以及德性标准,不断完善自己的道德观念,认知何为完善、何为正当、何为高尚,并运用伦理原则和伦理规则矫正自我的行为方式。

8. 每个人都应该通过文化消费提升艺术理性。人的意识能动性体现为感性活动、知性活动以及理性活动等方式。人可以通过理性活动获得知识,这是理论理性的活动方式;运用理性发明道理和规则,为自由立法,创建关于自由的规律的科学,这是实践理性的活动方式;此外,人具有艺术创作能力。因此人的意识能动性不仅体现为情感活动、情绪表达,而且体现为理论理性活动、实践理性活动以及艺术理性活动。

每个人先天拥有艺术理性的应用能力,但是艺术理性应用能力在后天是否得到良好的培育,会直接影响每个人的艺术素养和生产艺术作品的能力。并不是每个人都可以因艺术理性能力而成为艺术家，但是，每个人都有责任通过文化消费，觉悟艺术理性，增长艺术能力，提升自己的艺术素养，从而让生活方式带有更多的艺术色彩，运用艺术为物质存在提供美好形式，为精神存在提供美好气质。

9. 每个人都应该通过文化消费实现更加美好的人生意义。每个人都应该在文化消费过程中认知各种人生意义，鉴别人生意义的优劣，为自己选择良好的人生意义，创造积极的人生意义，努力以文化消费的方式实现人生意义。人生意义，是指人们在生命过程中为某些行为或全部行为设置的终极目标。意义有四个属性。一是终极属性，无论是被设定为单一行为的意义，还是被设定为系列行为的意义，或是被设定为人生的总体意义，它都具有相对于某个单一行为、系列行为或整个人生而言的终极属性。二是主观属性，即意义不是客观存在物，而是人的思想观念对行为终极目标的设定。三是主体性，意义是主体对于自我行为的终极目标的自我设定，他人和社会无法为个人设置行为和人生意义，意义一定是植根于主体精神结构的内生观念，主体赋予自己的行为何种意义，该意义就成为其行为的终极目标，并由此成为行为的终极理由。主体为自己的人生设置了什么意义，该意义就成为其精神支柱。四是高端性，人的行为如果有欲望、愿望、目标的指引，就有了满足欲望或愿望、实现目标的动机。当人的实践理性发展和完善到一定程度，当人的主体性觉悟到一定程度，开始追问所有欲望、愿望、目标以及目的背后的终极原因，思考行为的终极目标时，意义作为实践理性的产物就开始出现了。意义，意味着个人对于人生的反思和觉醒，试图完善自己的生存境遇和发展方向，意味着个人对于生命存在终极原因的思考和解答，并企图给自己的自由找到一个终极归宿。在文化消费过程中，每个人都应该通过深入读取文化文本负载的精神元素，运用人类在社会发展过程中积累的精神成果哺育自己的心灵，开拓视野，启发思维；运用理论理性，认知人类关于人生意义的探索，运用实践理性，将那些伟大意义设置为终极

· 233 ·

人生目标和行动的终极原因,从而为追寻幸福人生、实现生命价值、建设更加美好的人类社会的实践活动赋予终极根据。

# 附 录

## 《呐喊》自序[①]

鲁 迅

我在年青的时候也曾经做过许多梦,后来大半忘却了,但自己也并不以为可惜。所谓回忆者,虽说可以使人欢欣,有时也不免使人寂寞,使精神的丝缕还牵着已逝的寂寞的时光,又有什么意味呢,而我偏苦于不能全忘却,这不能全忘的一部分,到现在便成了《呐喊》的来由。

我有四年多,曾经常常,——几乎是每天,出入于质铺和药店里,年纪可是忘却了,总之是药店的柜台正和我一样高,质铺的是比我高一倍,我从一倍高的柜台外送上衣服或首饰去,在侮蔑里接了钱,再到一样高的柜台上给我久病的父亲去买药。回家之后,又须忙别的事了,因为开方的医生是最有名的,以此所用的药引也奇特:冬天的芦根,经霜三年的甘蔗,蟋蟀要原对的,结子的平地木,……多不是容易办到的东西。然而我的父亲终于日重一日的亡故了。

有谁从小康人家而坠入困顿的么,我以为在这途路中,大概可以看见世人的真面目;我要到N进K学堂去了,仿佛是想走异路,逃异地,去寻求别样的人们。我的母亲没有法,办了八元的川资,说是由我的自便;然而伊哭了,这正是情理中的事,因为那时读书应试是正路,所谓学洋务,社会上便以为是一种走投无路的人,只得将灵魂卖给鬼子,要加倍的奚落而且排斥的,而况伊又看不见自己的儿子了。然而我也顾不

---

① 鲁迅:《鲁迅全集》(第1卷),人民文学出版社2005年版,第437—442页。

得这些事，终于到N去进了K学堂了，在这学堂里，我才知道世上还有所谓格致，算学，地理，历史，绘图和体操。生理学并不教，但我们却看到些木版的《全体新论》和《化学卫生论》之类了。我还记得先前的医生的议论和方药，和现在所知道的比较起来，便渐渐的悟得中医不过是一种有意的或无意的骗子，同时又很起了对于被骗的病人和他的家族的同情；而且从译出的历史上，又知道了日本维新是大半发端于西方医学的事实。

因为这些幼稚的知识，后来便使我的学籍列在日本一个乡间的医学专门学校里了。我的梦很美满，预备卒业回来，救治像我父亲似的被误的病人的疾苦，战争时候便去当军医，一面又促进了国人对于维新的信仰。我已不知道教授微生物学的方法，现在又有了怎样的进步了，总之那时是用了电影，来显示微生物的形状的，因此有时讲义的一段落已完，而时间还没有到，教师便映些风景或时事的画片给学生看，以用去这多余的光阴。其时正当日俄战争的时候，关于战事的画片自然也就比较的多了，我在这一个讲堂中，便须常常随喜我那同学们的拍手和喝彩。有一回，我竟在画片上忽然会见我久违的许多中国人了，一个绑在中间，许多站在左右，一样是强壮的体格，而显出麻木的神情。据解说，则绑着的是替俄国做了军事上的侦探，正要被日军砍下头颅来示众，而围着的便是来赏鉴这示众的盛举的人们。

这一学年没有完毕，我已经到了东京了，因为从那一回以后，我便觉得医学并非一件紧要事，凡是愚弱的国民，即使体格如何健全，如何茁壮，也只能做毫无意义的示众的材料和看客，病死多少是不必以为不幸的。所以我们的第一要著，是在改变他们的精神，而善于改变精神的是，我那时以为当然要推文艺，于是想提倡文艺运动了。在东京的留学生很有学法政理化以至警察工业的，但没有人治文学和美术；可是在冷淡的空气中，也幸而寻到几个同志了，此外又邀集了必须的几个人，商量之后，第一步当然是出杂志，名目是取"新的生命"的意思，因为我们那时大抵带些复古的倾向,所以只谓之《新生》。

《新生》的出版之期接近了,但最先就隐去了若干担当文字的人,接着又逃走了资本,结果只剩下不名一钱的三个人。创始时候既已背时,失败时候当然无可告语,而其后却连这三个人也都为各自的运命所驱策,不能在一处纵谈将来的好梦了,这就是我们的并未产生的《新生》的结局。

我感到未尝经验的无聊,是自此以后的事。我当初是不知其所以然的;后来想,凡有一人的主张,得了赞和,是促其前进的,得了反对,是促其奋斗的,独有叫喊于生人中,而生人并无反应,既非赞同,也无反对,如置身毫无边际的荒原,无可措手的了,这是怎样的悲哀呵,我于是以我所感到者为寂寞。

这寂寞又一天一天的长大起来,如大毒蛇,缠住了我的灵魂了。

然而我虽然自有无端的悲哀,却也并不愤懑,因为这经验使我反省,看见自己了:就是我决不是一个振臂一呼应者云集的英雄。

只是我自己的寂寞是不可不驱除的,因为这于我太痛苦。我于是用了种种法,来麻醉自己的灵魂,使我沉入于国民中,使我回到古代去,后来也亲历或旁观过几样更寂寞更悲哀的事,都为我所不愿追怀,甘心使他们和我的脑一同消灭在泥土里的,但我的麻醉法却也似乎已经奏了功,再没有青年时候的慷慨激昂的意思了。

S会馆里有三间屋,相传是往昔曾在院子里的槐树上缢死过一个女人的,现在槐树已经高不可攀了,而这屋还没有人住;许多年,我便寓在这屋里钞古碑。客中少有人来,古碑中也遇不到什么问题和主义,而我的生命却居然暗暗的消去了,这也就是我惟一的愿望。夏夜,蚊子多了,便摇着蒲扇坐在槐树下,从密叶缝里看那一点一点的青天,晚出的槐蚕又每每冰冷的落在头颈上。

那时偶或来谈的是一个老朋友金心异,将手提的大皮夹放在破桌上,脱下长衫,对面坐下了,因为怕狗,似乎心房还在怦怦的跳动。

## 第十章 文化消费的伦理规则

"你钞了这些有什么用?"有一夜,他翻着我那古碑的钞本,发了研究的质问了。

"没有什么用。"

"那么,你钞他是什么意思呢?"

"没有什么意思。"

"我想,你可以做点文章……"

我懂得他的意思了,他们正办《新青年》,然而那时仿佛不特没有人来赞同,并且也还没有人来反对,我想,他们许是感到寂寞了,但是说:

"假如一间铁屋子,是绝无窗户而万难破毁的,里面有许多熟睡的人们,不久都要闷死了,然而是从昏睡入死灭,并不感到就死的悲哀。现在你大嚷起来,惊起了较为清醒的几个人,使这不幸的少数者来受无可挽救的临终的苦楚,你倒以为对得起他们么?"

"然而几个人既然起来,你不能说决没有毁坏这铁屋的希望。"

是的,我虽然自有我的确信,然而说到希望,却是不能抹杀的,因为希望是在于将来,决不能以我之必无的证明,来折服了他之所谓可有,于是我终于答应他也做文章了,这便是最初的一篇《狂人日记》。从此以后,便一发而不可收,每写些小说模样的文章,以敷衍朋友们的嘱托,积久就有了十余篇。

在我自己,本以为现在是已经并非一个切迫而不能已于言的人了,但或者也还未能忘怀于当日自己的寂寞的悲哀罢,所以有时候仍不免呐喊几声,聊以慰藉那在寂寞里奔驰的猛士,使他不惮于前驱。至于我的喊声是勇猛或是悲哀,是可憎或是可笑,那倒是不暇顾及的;但既然是呐喊,则当然须听将令的了,所以我往往不恤用了曲笔,在《药》的瑜儿的坟上平空添上一个花环,在《明天》里也不叙单四嫂子竟没有做到看见儿子的梦,因为那时的主将是不主张消极的。至于自己,却也并不愿将自以为苦的寂寞,再来传染给也如我那年青时候似的正做着好梦的青年。

这样说来，我的小说和艺术的距离之远，也就可想而知了，然而到今日还能蒙着小说的名，甚而至于且有成集的机会，无论如何总不能不说是一件侥幸的事，但侥幸虽使我不安于心，而悬揣人间暂时还有读者，则究竟也仍然是高兴的。

所以我竟将我的短篇小说结集起来，而且付印了，又因为上面所说的缘由，便称之为《呐喊》。

一九二二年十二月三日，鲁迅记于北京

# 参考文献

《马克思恩格斯选集》(1—4卷),人民出版社2012年版。

《论党的宣传思想工作》,中央文献出版社2020年版。

蔡元培:《中国伦理学史》,中国书籍出版社2020年版。

陈学明:《西方马克思主义教程》,高等教育出版社2001年版。

陈守聪、王珍喜:《中国传统文化的价值与现代德育构建》,光明日报出版社2013年版。

程树铭主编:《逻辑学》(第三版),科学出版社2016年版。

(汉)戴圣纂辑:《礼记》,王学典编译,蓝天出版社2008年版。

方志敏:《可爱的中国》,北方文艺出版社2022年版。

付春、王善迈、任勇:《文化资本与国家治理——基于对中国传统治国之道的考察》,中国社会科学出版社2015年版。

宫承波、刘姝、李文贤:《新媒体失范与规制论》,中国广播电视出版社2010年版。

(唐)韩愈:《韩愈全集》(中),谦德书院译,团结出版社2022年版。

扈永进选编:《文学的意义》,江苏凤凰文艺出版社2017年版。

黄淑娉、龚佩华:《文化人类学理论方法研究》,广东高等教育出版社2004年版。

胡正荣、唐晓芬、李继东主编:《新媒体前沿(2013)》,社会科学文献出版社2013年版。

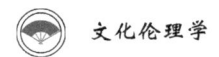

（春秋）孔子等：《论语》，陈晓芬等译注，中华书局 2019 年版。

焦国成：《中国伦理学通论》，山西教育出版社 1997 年版。

江畅：《论价值观与价值文化》，科学出版社 2014 年版。

（春秋）老子：《道德经》，张景、张松辉译注，中华书局 2021 年版。

（春秋）列子：《列子》，叶蓓卿译注，中华书局 2016 年版。

鲁迅：《鲁迅全集》（第 1 卷），人民文学出版社 2005 年版。

罗国杰主编：《中国传统道德》，中国人民大学出版社 1995 年版。

罗钢、刘象愚主编：《文化研究读本》，中国社会科学出版社 2000 年版。

李萍：《现代道德教育论》，广东人民出版社 1999 年版。

李秋零主编：《康德著作全集》（第 8 卷），中国人民大学出版社 2013 年版。

刘兴云、石小娇：《意义世界的构造——马尔库塞新人本主义伦理思想研究》，中国政法大学出版社 2016 年版。

马啸原：《西方政治制度史》，高等教育出版社 2000 年版。

欧力同、张伟：《法兰克福学派研究》，重庆出版社 1990 年版。

欧阳坚：《文化产业政策与文化产业发展研究》，中国经济出版社 2011 年版。

彭聃龄：《普通心理学》（第 5 版），北京师范大学出版社 2019 年版。

钱穆：《论语新解》，生活·读书·新知三联书店 2018 年版。

宋希仁主编：《当代外国伦理思想》，中国人民大学出版社 2000 年版。

宋希仁主编：《西方伦理思想史》（第 2 版），中国人民大学出版社 2010 年版。

司马云杰：《文化价值论——关于文化建构价值意识的学说》，安徽教育出版社 2011 年版。

孙伟平：《事实与价值——休谟问题及其解决尝试》，中国社会科学出版社 2000 年版。

沈之兴主编：《西方文化史》（第四版），中山大学出版社 2019 年版。

（汉）司马迁：《史记》，杨燕起译注，岳麓书社 2021 年版。

孙远太：《文化资本与教育不平等》，知识产权出版社 2013 年版。

唐君毅：《文化意识与道德理性》，中国社会科学出版社 2005 年版。

唐凯麟：《伦理学》，高等教育出版社 2001 年版。

陶东风、和磊：《当代中国文艺学研究（1949—2009）》，中国社会科学出版社 2011 年版。

万俊人：《现代西方伦理学史》（上下卷），中国人民大学出版社 2011 年版。

万俊人：《寻求普世伦理》，商务印书馆 2001 年版。

王海明：《新伦理学》，商务印书馆 2001 年版。

王贞子：《数字媒体叙事研究》，中国传媒大学出版社 2012 年版。

魏英敏主编：《新伦理学教程》（第 3 版），北京大学出版社 2012 年版。

魏则胜：《文化资本的伦理义务》，中国社会科学出版社 2022 年版。

许启贤、张立文、王俊义、黄晋凯主编：《传统文化与现代化》，中国人民大学出版社 1987 年版。

熊澄宇：《世界文化产业研究》，清华大学出版社 2012 年版。

俞宣孟：《本体论研究》，上海人民出版社 2005 年版。

周才庶：《当代中国电影产业的文化资本研究》，中国社会科学出版社 2016 年版。

张文勋、施惟达、张胜冰、黄泽：《民族文化学》，中国社会科学出版社 1998 年版。

［德］阿莱达·阿斯曼：《回忆空间：文化记忆的形式和变迁》，潘璐译，北京大学出版社 2016 年版。

［德］伯尔尼德·哈姆、［加］拉塞尔·斯曼戴奇编：《论文化帝国主义：文化统治的政治经济学》，曹新宇、樊淑英译，商务印书馆 2020 年版。

［德］黑格尔：《哲学史讲演录》（第 4 卷），贺麟、王太庆等译，上海人民出版社 2013 年版。

[德]哈拉尔德·韦尔策编：《社会记忆：历史、回忆、传承》，季斌、王立君、白锡堃译，北京大学出版社 2007 年版。

[德]赖纳·特茨拉夫主编：《全球化压力下的世界文化》，吴志成、韦苏等译，江西人民出版社 2001 年版。

[德]马克斯·韦伯：《新教伦理与资本主义精神》，阎克文译，上海人民出版社 2018 年版。

[德]马勒茨克：《跨文化交流：不同文化的人与人之间的交往》，潘亚玲译，北京大学出版社 2001 年版。

[德]恩斯特·卡西尔：《人论》，甘阳译，上海译文出版社 2003 年版。

[德]伊曼努尔·康德：《道德形而上学原理》，苗力田译，上海人民出版社 2012 年版。

[德]伊曼努尔·康德：《康德三大批判精粹》，杨祖陶、邓晓芒编译，人民出版社 2018 年版。

[古希腊]亚里士多德：《亚里士多德选集：伦理学卷》，苗力田译，中国人民大学出版社 1999 年版。

[古希腊]亚里士多德：《形而上学》，苗力田译，中国人民大学出版社 2003 年版。

[法]笛卡尔：《谈谈方法》，王太庆译，商务印书馆 2000 年版。

[法]霍尔巴赫：《自然的体系》（上卷），管士滨译，商务印书馆 2009 年版。

# 后　记

跋山涉水，历经艰难，算是完成使命，将这本书送到您面前。斗转星移，春夏秋冬，黎明灯下苦读，夜晚仰望星空，独坐山村竹林，于无声处思索，其中甘苦，除却天边月，还有谁能知。

幼时家贫，挥锄逐浪于巢湖南岸。据说祖上显达，但无从考证，记忆中一直到读高中一年级时才摆脱挨饿窘迫。彼时身处困境，高考压力巨大，高校招生数量很少，上大学渺茫，家兄卧薪尝胆，终于考上大学，自嘲为范进中举。寒假与暑假，忙完农活便返回学校，独居教室，在附近山上捡几块石头垒起锅灶，煮饭充饥。夜幕降临，没有电灯，点着煤油灯看书做题，睡觉时先吹灭煤油灯，再用被子蒙住头，因为恐惧于学校围墙外的坟场，一直到天亮才敢从被子里伸出头。冬天很冷，有一天实在熬不住了，用一根树枝在教室土墙上写了几个字——"艰难困苦，玉汝于成"，以此自勉。一直到大年三十上午，母亲接我回家过年，见我骨瘦形销，衣衫褴褛，不禁落泪。高中三年努力还是有了好的结果，1988年参加高考以庐江县白山中学文科第一名成绩入读大学。

蹉跎岁月，物质贫困，然理想之火不灭。多年目睹乡野农民生活艰辛，立志做大事，为民造福。现在回想当初，终于明白何其自大。但这股元气，一直萦绕于胸，至今尚存。敬仰鲁迅先生，因为他赞许那些可称为中华民族脊梁的人。他的文章对我影响至深，希望自己能够成为一个作家，用一支笔写尽人间悲欢离合，为天下苍生呐喊、祝福，所以填

· 243 ·

报高考志愿时，所有志愿都是中文系，记得当时填报的重点大学一栏分别是中山大学、兰州大学、山东大学，结果是"无条件服从调配"而入读安徽师范大学政教系。于我而言，上大学才是最重要的，至于所读专业，我尽量在那个被限定的路上走远一些，努力走好，只要元气尚存、理想之火不熄即可。背靠赭山，面临镜湖，我在安徽师大度过了四年美好的大学时光。感谢母校安徽师范大学，感谢我的辅导员孙成岗老师和陈强虎老师。那时在安徽师大读书，不仅不用交学费以及住宿费之类，而且还能够每个月领取国家给的津贴，本科一年级时每人每月可以领取15元菜票，35斤饭票，且津贴标准不断提高。每个月末学校后勤部门安排专人前来宿舍将我们的被单换洗干净。记得大学四年级那个元旦，88级政教系本科班生活委员何清华将统一领回来的津贴发放给同学们。我有早睡习惯，在第二天早上起床时摸到了被窝里的几卷饭票和菜票，开心得很。那时同宿舍的几位同学是（按照当时舍友床位顺序排列）：倪寿明；王庆洲；本人；朱勇；汪全胜；冯伦久；曹大海；赵青松；徐美楠。班级里与我们这个宿舍几位男同学在一个小组的女同学有钟宏志、刘红真、程芳、孙芸几位女士。芜湖一别，各有江湖，相见时难别亦难。倪寿明于中国人民大学深造后从事律师行业；王庆洲在上海任职，走上仕途；朱勇在外交部门工作；汪全胜在北京大学获得博士学位后成为著名法学专家，现在山东大学工作；冯伦久、曹大海、赵青松三位兄弟在安徽工作。徐美楠毕业后入铜陵第三中学任职，我在铜陵第二中学工作过一年，其间与美楠多次相聚，现在美楠兄弟已经驾鹤西去矣。

硕士研究生就读于西南师范大学政治系，即现在的西南大学。前几年我去探望我的硕士生导师彭承福老师，其因年岁已高，受到各种疾病折磨，记忆力因此受损严重，她看着我反复问"你是谁"，有刹那她想起我是谁，叫我的名字，开始流泪，接着又问我"你是谁"。重庆，北碚，西南大学，难忘一众恩师，难忘几乎是相忘于江湖的同学。

在广东韩山师范学院工作几年后，入中山大学教育学院思想政治教

## 后 记

育专业攻读博士学位,师从李萍教授。无论学术研究水平还是为人处世方式,我与她之间存在巨大落差,所幸导师不弃,也许是静待花开,更多是宽容谅解。社会交往方面,我是笨拙的,也许是还算善良吧,才能够在利益博弈的刀光剑影中得以存身江湖以至于衣食无忧,此乃李萍老师恩泽延惠于我。在中山大学拿到博士学位后我和李老师说,我要写一本《文化伦理学》,填补空白,老师笑而不语,可能是为了鼓励我吧,她又对我说了句"目前条件不成熟"。从那以后,我努力了二十年,就是为了能够具备写作《文化伦理学》著作所需要的"成熟条件"。

感谢舍友曾盛聪、池振国给予我的关怀和照顾;感谢同年级几位好友潘伟明、王学风、戴怡萍等人在我人生艰难之际给予我的鼓励和帮助;与王守衡、葛桦等好友的交往时光令人难忘。毕业后离开中大时,葛桦专门到我宿舍帮我打点行李,送我去天河客运站坐车远行。我是幸运的,一路走来,不仅有恩师教导和提携,而且能够不断结交好友,尽管在离开中山大学后很少见到这些朋友,但他们的音容笑貌,与他们同处的美好时光,总是浮现在眼前,犹如昨日重现。撰写博士学位论文期间,父亲病重。我在中山大学宿舍区东四404闭关写作,2003年1月4日开始动笔,1月26日完成博士学位论文初稿。宿舍的床上和水泥地板上铺满了我的读书笔记、注明写作提要的小纸条。那个冬天特别冷,我在与病魔抢时间,因为我知道,一旦父亲去世,我可能就无法继续安心于思考写作了。我的博士学位论文初稿完成一个月后,父亲去世。虽然父亲对我一向严厉,少有笑容,但他聪慧过人,高瞻远瞩,在众人依然挣扎于底层乡土生活时就克服各种困难,供哥哥和我读书,对于他而言,我们能考上大学就是他这辈子的终极梦想。可是,他没有等到可以享福的那一天就病逝了。天人永隔,痛彻心扉。曾子夜梦见父亲独立于远处静静看着我,醒来后独坐窗前,对着城市的夜晚满是伤感。

2003年秋季入中国人民大学哲学系博士后流动站,师从焦国成先生。有幸拜见罗国杰先生,聆听教诲。每次从罗老师家里出来,罗老师总是亲自为我开门，按下电梯按钮，交代我出了电梯后往哪边走。虽时过境迁，心中依然无限感念。初见焦国成老师时，他端坐如松，既给人威严的感觉，又让人感到和善。先生大贤，对我关爱有加，奈何自己天赋有限，只能接收到先生智慧的零星，他的豁达和通透，恐非常人所及。感谢中国人民大学哲学系的老师们，因为几个重要问题的困惑而当面求教于宋希仁先生。在中国人民大学哲学系博士后流动站期间，结识李桂梅、曹刚、戴木才、王易、洪波、李韬、董世峰等诸位贤达，与吴付来老师相遇，他是我在安徽师大读书时教授我"伦理学"课程的老师。

至此，心中有了三个宏愿：一是关于文学，二是关于思想政治教育，三是关于伦理学，三个愿望分别萌生于自己的中学岁月、大学时光与博士研究生阶段，希望自己能够在这三个领域有所建树，然生活颠簸，智力有限，经过多年苦读沉思，终于完成《文化伦理学》一书，算是完成了一个宏愿吧。

对于本书即《文化伦理学》而言，2021年完成的著作《文化资本的伦理义务》一书是极为重要的理论准备。由于国家社科基金重点项目到了结项期限，《文化资本的伦理义务》这本书的完成过程略显匆忙，虽然理论架构比较完整，但是某些重要观点不完善，理论表达方式过于烦琐。本书在架构文化伦理学理论逻辑的过程中，吸收了《文化资本的伦理义务》一书的重要理论成果，进一步完善语言表达方式，在保持专业水准和学术规范的前提下，尽量用浅显晓畅的语言表达较为抽象的观点，陈述相对艰深的理论问题。

为了有一个安静的思考和写作环境，经友人推荐，在距离广州市区九十多公里的凤凰山脚下一个山村租住民宿"紫竹苑"四楼，住了四个多月时间。从化南平村远离都市，山林茂密，溪流潺潺，翠竹摇曳，荔枝飘香。也有山风呼啸，狂风骤雨。朝花夕拾，满天星斗。每天早晨五点起床，在百鸟欢鸣中自然醒，读书，做笔记，沉思，写作。下午五点后沿着山路步行，经从化坳，到增城，来回八公里，以越野方式锻炼身

# 后　记

体，保持体力。自己做饭，技术不佳，偶有烧菜至焦煳。有一次电锅罢工，只能白饭泡开水充饥。那几个月是孤独的，但却有了安宁的思绪。那几个月是清苦的，但也避开了俗务应酬。如同一个独行的僧人每日坐禅，却不得入定，毕竟心中还有那一脉元气萦绕，追寻完善，追问正义，试图在文化世界，为精神自由设置路标。感谢房东朱志平和张金妹夫妇对我的悉心照料，给了我安静读书、思考和写作的环境。感谢群姨赠予的鸡汤和酸菜。一日黄昏去她经营的饭馆吃饭，她见我瘦了不少，就给我端来一碗鸡汤，给我一瓶酸菜。有时我站在紫竹苑四楼，看着群姨在她的荔枝园打理荔枝树、种菜，不由得思考每个人自我定义的人生意义到底是什么。她做的"群姨煲仔饭"风味独特，将山野的粗犷和食材原始的香气闷在一个砂锅里，让食客唇齿留香，回味无穷。大学同学徐荷清、姜正林夫妇，黄立胜偕夫人杨漫红女士，数次前往从化南平探视我，几个人或把酒言欢，或围炉夜话，高谈阔论，忆往说今，不亦快哉。

七月初离开从化南平村返回华南师范大学石牌校区继续深思和写作。为了不打扰太太和暑期在家的女儿休息，每天早晨五点起床后骑着电动车到桃李园教授办公室，即友人陈椰赐匾之"得其所斋"。"得其所斋"窗前是一棵可供两人环抱的木棉树。直至"七夕节"那天早晨，本书初稿完成。那一天，我沉默不语，独坐窗前，或许是如释重负，或许是觉得终于完成一个宏愿而略感欣慰吧。

2023年9月开始，我给两个年级的本科生讲授"伦理学"课程，在备课、讲授以及与学生们的研讨过程中，反复思考《文化伦理学》书稿中的重要观点，继续修改叙述语言，力求运用简洁的语言准确叙述艰深的理论逻辑，但是形而上学专业术语与叙述逻辑和日常话语方式差别很大，我只能在保持叙述语言专业性的前提下，尽量为读者提供易于理解的话语方式。一直到2024年1月，《文化伦理学》书稿的修改才得以基本完成。为减少文字错漏，我邀请苗存龙博士（现为重庆理工大学教师）、杨慧芝博士（现为广东第二师范学院教师）、江峰（现为华南师范

· 247 ·

大学教师）、刘晓雨（博士生）、余梦芹（博士生）、唐楚茵（博士生）、肖邦（硕士生）、桂冉（硕士生）等人，审读书稿，检查错漏，提出修改提示，我再据此完善书稿，尽管如此，依然难以杜绝书稿中的错漏之处。感谢中国社会科学出版社编审杨晓芳女士对书稿提出的修改意见，我请余梦芹和肖邦反复校对注释，修改注释内容以及格式。

从 2023 年早春开始动笔撰写此书到现在已有一年多时间，但是这本书相关内容的理论准备时间超过了二十年，开始于攻读博士学位的岁月。感恩导师李萍教授，感恩导师焦国成教授，他们欣然同意为此书作序，给了我莫大的鼓舞。走了那么远的路，才得以将《文化伦理学》一书献给我的老师、家人、朋友，还有我的学生们。虽然为实现理想而努力的过程充满坎坷，但是前行无悔，持续修炼和不断觉悟的人生才是向完善靠近的人生。

2024 年 4 月 13 日